U0102100

构建高精尖产业新体系

《中国制造 2025 北京行动纲要》解读

张伯旭◎主编

Building a New System of High-Tech Industry
——Interpretation of 'Made in China 2025'
Beijing Action Plan

北京工艺美术出版社

图书在版编目（CIP）数据

构建高精尖产业新体系：《中国制造2025北京行动纲要》解读/张伯旭
主编. — 北京：北京工艺美术出版社，2016.1
ISBN 978-7-5140-0875-3

Ⅰ．①构… Ⅱ．①张… Ⅲ．①制造工业－工业发展－研究－北京市
Ⅳ．①F426.4

中国版本图书馆CIP数据核字(2016)第012198号

出 版 人：陈高潮
责任编辑：杨世君
装帧设计：任　毅
责任印制：宋朝晖

构建高精尖产业新体系

《中国制造2025北京行动纲要》解读

张伯旭　主编

出版发行	北京工艺美术出版社	
地　　址	北京市东城区和平里七区16号	
邮　　编	100013	
电　　话	(010) 84255105 （总编室）	
	(010) 84253627 （编辑室）	
	(010) 64283671 （发行部）	
传　　真	(010) 64280045/84255105	
网　　址	www.gmcbs.cn	
经　　销	全国新华书店	
印　　刷	北京市十月印刷有限公司	
开　　本	710毫米×1000毫米　1/16	
印　　张	14	
插　　页	10	
版　　次	2016年1月第1版	
印　　次	2016年3月第2次印刷	
书　　号	ISBN 978－7－5140－0875－3	
定　　价	48.00元	

编 委 会

序 言

  制造业是国民经济的支柱产业，是工业化和现代化的主导力量，也是科技创新的源泉。历史证明，每一次制造技术与装备的重大突破，都深刻影响了世界强国的竞争格局，制造业的兴衰印证着世界强国的兴衰。当前，世界制造业分工格局面临新的调整，我国制造业发展面临欧美发达国家推行"再工业化"战略及一些发展中国家依靠比较优势在中低端制造业上发力的双重挤压。在新一轮技术革命驱动下，产业链深度分解与融合，制造业服务化成为产业升级的主要方向，新技术创新、新产品创造活动成为全球产业价值链体系中具有主导权的核心环节，正在重塑全球产业分工体系。为了抢占新一轮科技和产业竞争制高点，推动我国制造业实现由大变强的历史跨越，党中央、国务院做出了制定实施《中国制造2025》的重大战略决策，力争通过三个十年的努力，把我国建设成为引领世界制造业发展的制造强国，为实现中华民族伟大复兴的中国梦打下坚实基础。

  北京市认真学习贯彻习近平总书记系列重要讲话和视察北京重要讲话精神，深度对接国家战略，统筹疏解非首都功能、打造高精尖经济结构、推动京津冀协同发展，制定发布了《<中国制造2025>北京行动纲要》（以下简称《行动纲要》），提出未来5-10年以推动"在北京制造"向"由北京创造"转型为主线，全面实施"3458"行动计划，加快推进制造业创新发展，培育发展技术自主化、价值高端化、生产清洁化、体量轻型化、产品服务化的高精尖产业，打造京津冀协同创新共同体，建设中国制造业技术创新中心，率先实现从国际产业创新发展的"跟随者"向"并跑者"和"引领者"转变。

  实施《行动纲要》，构建高精尖产业体系，核心是释放创新势能。近年来，围绕全国科技创新中心功能定位，北京市紧紧依托科技和人才资源优势，主动聚合各方资源，努力构建"企业为主体、市场为导向、产学研相结合"的创新体系。政府将工作的重点放在平台搭建、政策制定和公共服务方面，改革财政资金使用方式，设立"高精尖"产业发展基金，建设中小企业公共服务平台，实施行政审批制度改革，推进了一大批"高精尖"项目落地。我们秉持协同创新理念，积极服务在京中央企业、科研院所、高校、民营科技企业、外资企业等各类优质创新资源，设立了北京协同创新研究院等一批新平台，探索建设国家制造业技术创新中心等一批新载体，大力推动科技资源优势转变为创新优势。

实施《行动纲要》，构建高精尖产业体系，关键是提升产品创造力。高精尖产品是技术创新的结晶，是价值延伸的载体。提升产品创造力是创造新供给、释放新需求的发展需要。我们围绕制造业创新发展主题，重新定位了北京在产业价值链中的位置，聚焦北京具有研发优势、能够"有所作为"的领域，重点发展创新前沿、关键核心、集成服务、设计创意和名优民生"五类高精尖产品"，构建"高、新、轻、智、特"产品体系。

实施《行动纲要》，构建高精尖产业体系，重点是培育"新产业生态"。《行动纲要》对接《中国制造 2025》提出的 10 大领域，坚持从国家战略需求、从首都发展实际、从产业演进规律出发，有所为、有所不为，谋划北京产业发展方向。按照"实施一个专项，打造一个生态，主导一个产业"的思路，我们提出实施新能源智能汽车、集成电路、智能制造系统和服务、自主可控信息系统、云计算与大数据、新一代移动互联网、新一代健康诊疗与服务、通用航空与卫星应用八大产业专项。"八个专项"旨在聚焦现阶段市场力量难以自发整合资源、需要重点突破的领域，更好发挥政府统筹引导作用，调动市场主体开展协同创新，构建新型产业生态系统，掌握产业主导权。

实施《行动纲要》，构建高精尖产业体系，是推动"京津冀协同发展"的战略要求。"由北京创造"并不意味着所有创造活动都在北京展开，而是构建开放、共享、协作的跨区域产业创新网络，用更宽广的视野，在京津冀统筹谋划产业的疏解、改造、转移、升级和新产业培育，全面加强三地产业对接和深化合作，着力推动产业不同领域、不同环节、不同业态科学布局，围绕产业链，布局创新链，形成园区链，打造京津冀协同发展的增长引擎。

为了帮助大家更好地理解和落实《行动纲要》，北京市经济和信息化委员会专门编写了本书，系统解析了北京制造业创新发展的新形势、新任务、新思路和新举措，同时对"高精尖"产业和"由北京创造"等新名词的内涵和外延做了相应的解读，为大家提供了有价值的参考。

希望通过实施《行动纲要》，全市转换产业发展动力、转变发展方式的步伐进一步加快，为率先形成"高精尖"经济结构、全面建成小康社会、建设成为国际一流和谐宜居之都做出更大贡献。

隋振江

2016年元月26日

Contents 目录

2015 年 5 月，国务院出台了《中国制造 2025》，提出了制造强国战略第一个十年的行动纲领。2015 年 12 月 5 日，北京市政府印发了《＜中国制造 2025＞北京行动纲要》（京政发〔2015〕60 号），提出未来 5-10 年要以"在北京制造"向"由北京创造"转型为主线，全面推动制造业创新发展，努力构建高精尖产业新体系。

《中国制造 2025》北京行动纲要

为深入贯彻《中国制造 2025》，全面落实《京津冀协同发展规划纲要》，持续推动本市制造业转型升级，加快构建高精尖经济结构，努力建设全国科技创新中心，特制定本行动纲要。

一、总体要求

（一）指导思想

深入贯彻落实党的十八大和十八届三中、四中、五中全会精神，深入学习贯彻习近平总书记系列重要讲话和对北京工作的重要指示精神，坚持和强化首都城市战略定位，紧紧抓住国家实施制造强国战略的重大机遇，牢固树立创新、协调、绿色、开放、共享的发展理念，始终坚持高端化、服务化、集聚化、融合化、低碳化的发展方向，瞄准全球制造业创新制高点，以构建产业生态为基础，以提高发展质量和效益为中心，以推动"在北京制造"向"由北京创造"转型为主线，全面实施"三四五八"行动计划，努力促进制造业创新发展，使本市真正成为京津冀协同发展的增长引擎、引领中国制造由大变强的先行区域和制造业创新发展的战略高地。

专栏1 "三四五八"行动计划

推动"三转"调整，强化"四维"创新，聚焦发展五类高精尖产品，组织实施八个新产业生态建设专项。

"三转"调整，是指有序推动传统制造业关停淘汰、疏解转移和改造升级，实现转领域、转空间、转动力的转型发展。

"四维"创新，是指全面强化以新技术、新工艺、新模式、新业态为主要内容的产业创新，不断提升制造业的创新能力。

五类产品，是指聚焦发展创新前沿、关键核心、集成服务、设计创意和名优民生等五类高精尖产品，打造"北京创造"品牌。

八个专项，是指组织实施新能源智能汽车、集成电路、智能制造系统和服务、自主可控信息系统、云计算与大数据、新一代移动互联网、新一代健康诊疗与服务、通用航空与卫星应用等八个新产业生态建设专项，培育新的竞争优势。

（二）发展目标

到2020年，制造业创新发展能力大幅提升，高端发展态势逐步显现，集约发展程度持续增强，绿色发展水平迈上新台阶，形成一批具有较强竞争力的优势产业，保持制造业占地区生产总值比重和对地方财政贡献"双稳定"，实现创新能力和质量效益"双提升"，带动京津冀地区数字化、网络化和智能化制造取得明显进展。

到2025年，形成创新驱动、高端发展、集约高效、环境友好的产业发展新格局，国际竞争力和影响力显著提升，部分制造业领域处于世界领先地位，综合资源消耗率达到世界先进水平，真正成为服务全国、辐射全球的优势产业集聚区。

专栏2 2020年和2025年主要发展指标

类别	指 标	2020 年	2025 年
创新驱动	企业有效专利拥有数（个／万人）	220	240
	规模以上制造业研发经费内部支出占主营业务收入比重	2%	3%
高端发展	高技术制造业占制造业比重	30%	35%
	高技术制造业增加值率	30%	35%
集约高效	全员劳动生产率（万元／人）	38	40
	总资产贡献率	12%	15%
环境友好	万元工业增加值能耗（吨标准煤／万元）	比 2015 年下降 15%	比 2015 年下降 20%
	万元工业增加值水耗（立方米／万元）	比 2015 年下降 20%	比 2015 年下降 30%
	每公顷工业用地实现工业增加值（万元／公顷）	3000	5000
备注	指标统计口径为规模以上工业		

二、持续推动"三转"调整，着力释放产业发展活力

（一）就地淘汰落后产能，转换产业发展领域

系统梳理制造业发展现状，定期修订完善《北京市工业污染行业、生产工艺调整退出及设备淘汰目录》，尽快淘汰污染较大、能耗较高的生产企业和制造环节。加快"腾笼换鸟"步伐，利用腾退的空间集聚高端创新要素和资源，建设产业协同创新平台，吸引和配置高精尖产业项目。着力推动二、三产业融合，大力发展生产性服务业，构建以创新为引领和支撑的高精尖产业体系。

（二）有序转移存量企业，转换产业发展空间

在严格落实《北京市新增产业的禁止和限制目录》的基础上，加快推动城六区现有工业企业转移升级，逐步将高端制造企业转移到产业园区。以中关村国家自主创新示范区"一区十六园"和国家级、市级产业园区为主体，整合低效工业用地，形成产业集聚和创新发展新格局。加强产业合作，搭建对接平台，完善共建共享机制，引导不具备比较优势的制造企业转移到津冀地区，并与津冀两地政府合作共建一批产业转移示范园区，特别是加快北京（曹妃甸）现代产业发展试验区建设。

（三）改造升级优势企业，转换产业发展动力

积极对接国家"绿色制造工程"，实施绿色制造技术改造行动，制定重点产业技术改造投资指南，组织一批能效提升、清洁生产、资源循环利用等技术改造项目，推动企业向智能化、绿色化、高端化方向发展。按照新型工业化产业示范基地建设要求，改造提升现有产业集聚区，改变以生产为中心、以产能扩张为导向的产业集聚方式，构建创新生态系统，建设一批微制造基地。

专栏 3　绿色制造技术改造行动

着眼制造业发展的新趋势和产业发展的新要求，积极对接国家"绿色制造工程"，以装备制造、航空航天、汽车、食品饮料、生物医药、电子信息等行业为重点，加大先进节能环保技术、工艺和装备的应用，推行清洁生产。

2015－2017 年间，围绕绿色制造实施 200 项重点技术改造项目，重点企业和产业园区率先达到国家绿色示范工厂和绿色示范园区建设标准。

三、大力推进"四维"创新，全面提升产业发展能力

（一）加强新技术研发和应用

以新一代信息技术、先进材料、生命科学等领域为重点，支持企业强化技术创新能力建设，以新技术促进产品升级换代。制定产业技术创新路线图，以企业为主体，统筹布局一批新技术研发应用项目，增强企业知识产权创造能力和新产品开发能力。实施新一代创新载体建设行动，支持企业加大研发投入，建立一批技术创新示范企业；完善企业技术中心功能，将面向生产的技术开发中心升级为新产品创造中心，建设一批"北京创造"标杆企业。针对产业关键共性技术需求，整合产学研创新资源，改造提升工程实验室、工程研究中心等创新平台，在优势领域建设一批国家级和市级制造业创新中心；组建产业创新联盟，建设新型产业技术研究院，为新技术开发应用提供支撑和服务。

专栏 4 新一代创新载体建设行动

围绕制造业创新发展的关键共性需求，采取政府与社会合作、产学研用互动、企业协同创新等新机制、新模式，建设一批制造业创新中心，攻克一批对产业竞争力整体提升具有全局性影响、带动性强的关键共性技术。支持企业依托现有技术中心、工程中心和重点实验室，对接中关村科学城的科教资源，建设跨学科、集成式的产业技术研究院。鼓励围绕新技术、新产品的产业化应用示范，组建一批产业创新战略联盟。

到 2020 年，建成 10 个市级制造业创新中心，争取建成 1 至 2 个国家级制造业创新中心；到 2025 年，建成 20 个左右市级制造业创新中心，争取建成 5 个左右国家级制造业创新中心。

（二）加大新工艺开发和推广

以智能制造、绿色制造、增材制造为主攻方向，构建基础工艺创新体系。

支持电子信息、航空航天、汽车、机械、钢铁、冶金、石化、食品等领域的科研机构和领军企业优化资源布局，联合建设一批关键共性基础工艺研究机构，加强关键制造工艺联合攻关。支持企业开展工艺创新，全面推广应用先进设计技术和新工艺。面向传统制造业绿色化、智能化升级改造需求，开展工艺技术转移和对外辐射服务。强化设计对创新的支撑作用，整合工业、文化、科技等领域的优势设计资源，打造"北京设计"品牌。

（三）采用新模式配置资源

优化整合概念创意、产品设计、研发测试、关键零部件生产、产品组装、供应链管理、系统集成、品牌经营、互联网营销等业务环节，重构企业之间、企业与用户之间的关系，创新价值创造模式，推动传统制造业企业实施组织变革。对接国家"智能制造工程"，实施京津冀联网智能制造示范行动，建设一批智能化、生态化的示范工艺线和示范工厂。大力推动自动化、数字化制造技术以及物联网、大数据、云计算等新一代信息技术在制造业的深度应用，推动制造业企业向云制造、分布式制造、生产外包等方向转型。支持有条件的企业建设众创、众包设计平台，推行模块化设计，开发一批拥有自主知识产权的关键设计工具软件，完善创新设计生态系统。支持企业融入全球制造网络，开展海外投资并购，建立研发中心、实验基地和营销渠道，利用代工 (OEM) 模式与代工企业加强合作，在全球配置制造资源。

专栏 5　京津冀联网智能制造示范行动

落实京津冀协同发展相关部署，积极参与国家"智能制造工程"，围绕以智能工厂为代表的流程制造，以数字化车间为代表的离散制造以及智能产品、智能服务、供应链管理、工业电子商务等开展试点示范。选择京津冀产业链接较好的重点领域，以行业龙头企业为依托，与产业链上的津冀企业合作，推进企业生产设备的智能化改造，构建跨区域联网智能制造系统；推广基于工业互联网的网络制造、协同制造、服务制造模式，建设一批智能化车间和智能化企业。积极推进网络基础设施建设，建设京津冀统一标准的工业互联网和工业云平台。

到 2020 年，在装备制造、汽车、电子信息等领域，实施京津冀联网智能制造重大示范项目 10 个；到 2025 年，实施京津冀联网智能制造重大示范项目 20 个。

（四）利用新业态优化企业组织形式

鼓励制造业企业"裂变"专业优势、延伸产业链条、开展跨界合作，加快向服务化制造、平台化经营和个性化服务方向转型，建立服务型制造体系。支持互联网企业与传统制造企业开展跨界合作，推动制造企业发展在线定制、创意设计、远程技术支持、设备生命周期管理等服务。实施生产性服务业公共平台建设行动，积极培育面向制造业的信息技术服务，大力发展技术研发、检验检测、技术评价、技术交易、质量认证等社会化、专业化服务。在相关产业园区引进新业态，使之由产品生产、对外销售的制造重地转型升级为高精尖产品研发、创新设计、对外授权的"北京创造"高地。

专栏 6　生产性服务业公共平台建设行动

围绕《中国制造 2025》确定的重点领域，大力发展生产性服务业，以工业设计、产品检测认证、标准创制和垂直领域电子商务为重点，建设一批生产性服务业公共平台。利用腾退出的工业厂房，建设生产性服务业示范功能区，形成生产性服务业集聚发展态势。

到 2020 年，形成服务全国的生产性服务业公共平台 50 个左右，生产性服务业收入占比大幅提高；到 2025 年，力争形成服务全国的生产性服务业公共平台 100 个左右。

四、聚焦发展五类产品，全力打造"北京创造"品牌

（一）创新前沿产品

聚焦新一代信息技术、新材料技术、智能制造、生命科学等创新前沿领域，率先布局，加快突破，取得一批拥有自主知识产权的原始创新成果。重点布局领域包括：超导材料、纳米材料、石墨烯、生物基材料等新材料产品；高端软件、智能硬件、高性能集成电路等信息技术产品；干细胞、靶向药物、医学影像精密仪器等生物医药产品；北斗导航、无人智能航空器等尖端航空航天产品。

（二）关键核心产品

聚焦经济社会发展关键领域，突破一批制约产业发展的"短板"技术和产品，落实国家"工业强基工程"，重点发展关键基础材料和核心基础零部件产品。电子信息领域发展高端芯片、大功率电力电子器件、信息安全及设计工具软件等；装备制造领域发展模拟仿真系统、高性能伺服控制系统、精密仪器仪表等；节能环保领域发展可再生能源和资源综合利用等；汽车领域发展汽车电子、发动机控制系统、新型动力电池等；航空航天领域发展航电系统、地面保障装备等方面的关键核心产品。

（三）集成服务产品

以智慧城市、航空航天、轨道交通、医疗健康等领域为重点，提升整机产品系统设计能力，发展智能化、网络化的终端应用服务。支持有条件的企业由提供设备向提供系统集成总承包服务、由提供产品向提供整体解决方案转变，发展设计、测试和运营维护、数据信息等增值服务业态；开展物联网技术的集成应用，提供物联网专业服务和增值服务。

（四）设计创意产品

推动文化、科技与制造融合，发展高附加值创意设计产品，重点发展工业设计、工程设计、集成电路设计、软件设计、数字内容等产品，将文化资源优势和工业遗产资源有机结合，发展工艺美术、个性化消费品等都市产品。

（五）名优民生产品

围绕城市应急、社会公共品提供、环境治理服务以及居民服务等领域，适度发展贴近市场需要、符合首都资源环境要求的优质名牌民生产品。积极发展品牌体验消费经济，做强北京"老字号"产品，开发新一代消费产品。通过实施高精尖产品培育及品牌建设行动，加快实现由"北京制造"向"北京创造"转型。

专栏 7　高精尖产品培育及品牌建设行动

针对国家重大工程和重点装备的关键技术，整合中央企业、高等学校、科研院所、优势科技型企业的创新资源，组织产学研用联合攻关，开发一批国家急需的关键产品，并实现产业化。扩大对外开放合作，支持骨干企业采取合资、并购等方式，消化吸收再创新国际先进产品技术。落实推进大众创业、万众创新的实施意见，推动智能化产品创新发展，支持新创产品快速做大做强，形成规模，构建以智能产品为核心的开放生态体系。推广先进质量管理方法，引导企业积极引进卓越绩效等先进质量管理模式，不断提高高精尖产品质量。引导企业增强品牌意识，建立品牌管理体系，形成具有自主知识产权的名牌产品。以电子信息、都市产业为重点，开展产业集群品牌建设试点，大力发展具有自主知识产权的名牌产品集群。

到 2020 年，通过实施一批高科技项目，打造 40 个左右高精尖新产品，其中 5 至 10 个为年收入超过百亿元的"大产品"，培育具有国际竞争力的知名品牌；到 2025 年，力争打造 20 个左右年收入超过百亿元的"大产品"。

五、组织实施八个专项，带动实现重点领域突破

（一）新能源智能汽车专项

坚持纯电驱动技术路线，依托龙头企业和产业技术创新联盟，转变传统汽车设计、研发、制造理念，创新产业发展和商业运营模式，培育全球领先的新能源汽车领军企业。以开发符合市场需求的智能网联新能源汽车产品为重点，集合电子科技、先进材料、传感器、车联网、智慧出行、辅助驾驶等技术，建立开放式协同创新平台，集中建设涵盖新能源汽车设计、试验试制及体验、示范等功能的科技创新资源聚集高地，打造全新产业生态。利用 10 年左右时间，将北京打造成为国内领先、世界一流的新能源汽车科技创新中心。

（二）集成电路专项

以满足移动、泛在的智能终端产品对芯片小型化、微型化的需求为方向，聚焦存储器、中央处理器、移动通信、图像处理、驱动电路等芯片，以加快推进 14 纳米先进工艺技术研发及生产线建设为切入点，带动装备资源整合以及电子设计自动化、知识产权 (IP) 库和专利池建设。通过实施本专项，优化集成电路制造基地布局，带动京津冀集成电路产业协同发展，在新一代集成电路关键核心技术上取得突破性进展，实现集成电路制造由代工向创造转型。

（三）智能制造系统和服务专项

以巩固提升智能装备系统、推广应用智能制造模式为切入点，重点发展传感器、智能仪控系统等核心装置和智能机器人、高档数控机床、三维打印设备等高端智能装备，推动数字化车间、智能工厂和工业互联网的广泛应用。通过实施本专项，提高重点行业智能制造系统的集成服务能力，使本市成为全国智能制造创新总部、示范应用中心和系统解决方案的策源地。

（四）自主可控信息系统专项

以金融、电信、工业等行业的自主可控信息系统和安全云服务为切入点，加强集成适配和联合攻关，构建包括应用软件、基础软硬件、网络和安全设备、信息安全服务等的一体化自主可控产品体系。通过实施本专项，建立包括行业应用开发、开源软件再创新、自主核心技术研发等体系在内的自主可控信息产业生态，建成完善的可信计算产业价值链，为保障国家重大信息系统安全提供有力支撑。

（五）云计算与大数据专项

以完善云计算平台建设和加强大数据智能应用为切入点，着力建设战略性公有云平台，构建大数据智能应用生态。通过公有云平台建设，带动云服务器、云平台软件以及云服务企业发展，成为全国云计算解决方案研制中心和云服务汇聚中心；围绕大数据智能应用，带动物联网产业发展，突破人工智能关键技术；深入挖掘数据价值，大力推动智能制造、教育、交通、医疗、城市运行管理等重点领域的大数据应用。通过实施本专项，建成具有国际竞争力的公有云平台，培育一批国内领先的大数据技术和应用服务企业，带动新一代互联网产业蓬勃发展。

（六）新一代移动互联网专项

以打造自主移动互联网平台和实现关键元器件进口替代为切入点，加强开源操作系统、自主操作系统与本地芯片的协同设计，强化自主移动通信核心技术研发及标准制定，建设世界领先的商业化移动互联网平台以及行业自主安全移动互联网平台，开发可穿戴设备、智能家居等新兴移动终端产品，培育基于移动平台应用的智能硬件产业生态。通过实施本专项，突破关键元器件发展短板，形成产业优势，培育一批对供应链和价值链具有掌控能力的平台型企业，带动京津冀地区形成全国领先的移动互联网产业集群。

（七）新一代健康诊疗与服务专项

围绕大健康产业的新需求，以重点疾病的预防、诊断、治疗和康复为切入点，大力推动新型药物、生物医学工程及基因检测技术等创新成果的产业化，开发基于"互联网＋"的智能健康产品，建设自我健康管理、早期预防、远程医疗和医药电子商务相结合的大健康服务体系。通过实施本专项，基本形成以诊断试剂、创新药物、高端医疗器械及智能健康服务为主的新型产业体系，推动健康服务业态快速发展，形成新一代健康诊疗与服务产业的发展优势。

（八）通用航空与卫星应用专项

以通用航空运营体系建设、卫星技术转化应用为切入点，在航空航天领域主要围绕关键技术与产品、城市及区域服务保障、通用航空消费等重点，聚焦发展研发试制、运营服务、商务金融等高端环节，开发通用航空安全运行监管系统、自主安全可信的无人机飞控系统等产品，完善应急救援、商务飞行等运营服务体系。在卫星应用领域主要围绕低轨卫星宽带通信、卫星遥感、卫星导航技术的产业化，提高军民两用技术研发转化能力，大力发展卫星地面设备和卫星应用服务，开发空天地一体化信息网络、多源融合高精度遥感应用等技术。通过实施本专项，建立覆盖高端研发、系统集成、关键子系统制造、技术示范应用和服务保障的产业技术和价值链，建成特色鲜明、体系健全、重点突出、融合发展、国际领先的航空航天研发应用中心。

六、加大改革创新力度，切实保障制造业转型发展

（一）建立统筹推进机制

建立市级层面的统筹机制，充分发挥好顶层设计、政策整合、统筹协调的作用。建立由国内外技术、产业专家和企业家组成的专家顾问组，围绕 8 个建设专项选聘首席专家，指导各专项的实施。建立全市高精尖产业项目布局引导

机制，以产业园区为载体，加快推进重大项目落地。市经济信息化委要会同相关部门出台配套政策文件，加强跟踪分析和督促指导。各区政府、各有关部门要健全工作机制，制定具体方案，细化政策措施，确保各项任务落到实处。

（二）改革行业指导制度

制定高精尖产业统计划分标准，统筹考虑产业发展的经济、社会和资源环境效益，综合土地、水、能源资源以及就业、税收等因素，建立规模、速度、效益相适应的产业发展综合评价体系。确定转型升级指导线，发布产业转移疏解和技术改造指导目录，引导企业有序推进产能转移、加强技术改造升级。建立高精尖产业发展"优选线"制度，按照高于国家标准的原则提出新实施高精尖产品项目的技术水平要求、环境保护和土地利用限制条件，并开展综合评估，达到"优选线"标准的项目给予优先支持。

（三）增强产业资本运作能力

发挥财政资金的引导作用，按照政府引导、市场运作、科学决策、防范风险的原则，设立高精尖产业发展基金，以股权投资为主要方式，引导社会资本参与相关建设专项和重点项目。加大对企业技术改造的支持力度，将企业技术改造投资作为工业固定资产投资的主要方向，并充分发挥境内外多层次资本市场作用，支持大型企业通过资本市场优化配置创新资源。围绕制造业转型升级，与国家政策性银行开展战略合作，引导风险投资、私募股权投资等支持制造业企业创新发展，鼓励符合条件的制造业贷款和租赁资产开展证券化试点。选择骨干企业开展"产融结合"试点，推广面向制造业企业的融资租赁服务。

（四）搭建产业升级服务平台

围绕信息化与工业化融合、品牌质量建设、工业设计水平提升等方面，搭建专业服务平台，推动关键环节实现突破。加强知识产权创造与管理，建设专利信息利用等知识产权公共服务平台，加强重点领域的专利组合布局及专利池建设，推动专利与标准有效融合。围绕项目发现、孵化和推广，搭建多种形式的高精尖产业投资互动与对接服务平台。支持行业联盟、技术服务组织、国际标准化组织等服务机构发展，以智能制造为重点，开展技术标准、信息化与工业化融合管理标准的创制服务活动。争创国家高端装备制造业标准化工作试点。

（五）支持企业国际化发展

紧紧抓住国家实施"一带一路"发展战略的历史机遇，以提升"北京创造"品牌世界影响力为核心，建立多层次、多渠道、多方式的国际合作与交流机制。鼓励企业通过收购兼并、联合经营、设立分支机构和研发中心等方式积极拓展国际市场，构建国际化的资源配置体系。鼓励和引导外资投向高精尖产业，引入国际创新成果。围绕关键技术和重点发展领域，加快引进海外高层次人才。鼓励政府机构、产业联盟、行业协会及相关中介机构为企业"走出去"提供信息咨询、法律援助、技术转让和知识产权海外布局与风险预警等服务。

（六）完善各项支持政策

充分发挥中关村国家自主创新示范区先行先试优势，推动相关先行先试政策向高精尖产业倾斜。支持在京中央企业、高等学校、科研院所加快创新转型，推动中央及市属国有企业与民营、外资企业开展协同创新。研究制定优化产业布局方案，探索加快工业用地循环利用机制，推广先出租后出让、出租出让相结合、弹性出让等供地方式，加强对高精尖产业的用地保障。统筹考虑全市人口调控、制造业转型发展和高精尖产业培育需要等因素，加强人才发展的综合规划和分类指导，选择若干产业园区开展高精尖人才置换发展试点。组织开展多种形式的宣传引导，营造加快发展高精尖产业的良好氛围。

科学认识制造业发展面临新形势

北京制造业发展面临新形势

全球制造进入创新发展时代

- 制造业新业态不断衍生
- 生产模式多样化
- 制造业创新体系正在重构
- 新一代信息技术重构传统制造业产业链
- 服务型制造成为发展重点

我国由制造大国向制造强国转变

- 我国正处于由制造大国向制造强国转变的关键阶段
- 中国制造业转型升级面临双重压力
- 《中国制造2025》引领实施制造强国战略

发达国家再工业化战略

- 美国发布《先进制造业国家战略计划》
- 德国实施工业4.0计划
- 日本发布《机器人新战略》
- 法国实施《新工业法国》战略

制造强国三步走战略

- 2025年，迈入制造强国行列
- 2035年，我国制造业整体达到世界制造强国阵营中等水平
- 2045年，我制造业大国地位更加巩固，综合实力进入世界制造强国前列

在全球产业大格局和中国制造大体系中，北京如何实现制造业的创新发展？

第一章　科学认识制造业发展面临新形势

制造业是人类历史上最古老的行业之一，人们的生活用品和消费资料以及工业产品大多由制造业加工出来。工业革命以来，全球制造业得到了突飞猛进的发展，不仅把人类社会从农业时代带入工业时代，并且在经济全球化发展浪潮下形成了世界各国分工协作的发展格局。当前，世界经济和产业格局开启了新一轮大变革、大重整、大跨界、大颠覆，全球和我国制造业进入深度调整的新历史时期，客观上要求北京重新审视和定位自身在国际产业价值链分工网络中的位置，做出新的战略选择。

一、全球制造业进入了新一轮创新发展时代

创新是引领发展的第一动力。从全球产业演变历史来看，历经三次重大工业革命创新，产业发展已经到了后工业化时期，其突出标志就是服务业比重的大幅提升。但同时，我们也看到，制造业仍然是全球经济持续发展的基础载体，制造业始终是实现技术创新的基本动力。特别是新一代信息技术与制造业深度融合，加上新能源、新材料、生物技术等方面的突破，正在引发影响深远的制造业变革。

（一）全球制造业发展的历史演变

回顾历史，从世界范围来看，自19世纪初英国率先开启工业化，到20世纪初德国、美国制造业的崛起，到20世纪70年代日本制造业的快速发展，再到20世纪下半叶欧美和日本制造业向中国等国家地区转移，全球制造业大致经历了四个发展阶段。

第一阶段：16 世纪到工业革命之前——萌芽时期。这一时期，制造业的含义基本上等同于手工业，生产方式以个人、家庭和小规模手工作坊为主。16 世纪中期，手工工场开始在欧洲和中国出现，并且在欧洲得到了很大的发展，近代制造业有了起始的萌芽。

第二阶段：18 世纪中后期到 19 世纪中期——形成时期。这一时期，以纺织业、军火工业、化学工业和机械制造为代表行业，以英国为代表国家，以蒸汽机技术为代表技术，以大规模工厂化生产为主要的生产方式。工厂化生产的出现标志着近代制造业的形成。

第三阶段：19 世纪中后期到 20 世纪中期——发展时期。这一时期，以新化学工业、炼钢业、汽车制造业、电力设备制造业和军工制造业为代表行业，以美国和德国为代表国家，以化工技术和电力技术为代表技术，大型垄断制造企业逐渐占据行业的主导地位，现代企业管理理论开始出现，并被应用于制造业工厂的管理。值得一提的是，两次世界大战对世界制造业的影响无疑是巨大的，一方面，世界大战的破坏性使欧亚各国受到巨大损失，另一方面，在战争的刺激下，欧、美、日等国的军工制造业有了惊人发展，各国的飞机、坦克、军舰、枪支和其他武器制造业处于急速扩张的状态，同时也孕育着电子制造业、核工业、航天工业、新材料工业等新兴制造业。

第四阶段：1945 年至 2008 年国际金融危机——新技术革命时期。第二次世界大战以后，以电子制造业、核工业、航天工业、新材料制造业等为代表行业，以美、日、德等发达经济体和韩国、印度等新兴工业经济体为代表区域，以电子、通信、核技术、空间技术、海洋技术、新材料技术等高技术为代表技术，制造业在全球范围内出现了许多新的特点和发展趋势。一方面，随着科技进步，高技术成为世界制造业增长的首要动力，技术含量成为决定产品价值的重要因素，高新技术产业在世界范围内兴起。另一方面，随着经济全球化的发展，世界制造业格局发生了巨大变化，大量新兴工业化国家和地区逐步在世界制造业市场上争得一席之地，形成了发达国家力图保持领先地位、发展中国家奋力赶超的局面。

总体看，经过上述四个阶段的发展，亚欧、拉美等区域的大部分国家和地区基本完成了工业化进程。也正是在第四个阶段的发展进程中，我国通过改革开放战略，凭借低成本比较优势，承接国际产业转移，参与全球产业链分工，壮大"中国制造"，成为当今世界制造中心。

（二）当今时期制造业创新发展的主要特征

审视当下，全球科技革命步入一个新的周期，前沿科学不断延伸，学科和领域交叉融合加速，信息技术、生物技术、新材料技术、新能源技术广泛渗透，带动几乎所有领域发生以绿色、智能、泛在为特征的群体性技术革命。在新技术革命的驱动下，产业价值链深度分解，工业化和信息化深度融合，制造与服务相互渗透，新兴产业不断涌现，正在重塑着全球制造体系，全球制造业进入了新一轮的创新发展周期。新技术创新、新产品创造活动已经从传统的制造业链条分离出来，成为全球产业链体系中具有主导权的核心环节。

其创新发展的特征主要有以下几个方面：

一是改变世界的新技术革命正在孕育突破。据中科院的专家判断，当前世界科技处于第六次科技革命前期，以信息转换器、人体再生、信息和仿生工程、思维和神经生物学、生命和再生工程等为代表的科技突破，将进一步改变世界科学技术的结构体系，深刻影响世界经济发展和国家兴衰。这一轮革命与之前几次的不同之处就是信息技术、新材料技术、先进制造技术、人工智能、新能源技术等相互影响、协同促进，推动产业相互融合和跨界发展。麦肯锡等国内外众多咨询研究机构，也对未来科技发展都有诸多预测，认为技术领域的创新将催生一大批新产品，带来新的消费革命。

二是产业链和产业组织体系发生新的创新裂变。其一，生产性服务业分离。社会分工的精细化使得生产中的许多服务环节从物质生产流程中分离出来，导致生产结构发生了重大变革。特别是由专业机构从事的生产性服务业，根本性地改变了传统的生产流程、管理方式、劳资关系，并导致产业链的重构。其二，产业跨界融合加强。互联网、移动互联网、物联网的普及发展对各个行业带来深刻的变革，深刻影响着产业的组织形态、产业分工与价值链体系构成。传统产业之间的界线越来越模糊，跨界融合发展成为趋势，横向分类的产业之间纵向联系愈发紧密。特别是软件与经济社会各领域的双向渗透和深度融合使得产业界定愈趋模糊。

三是产品生产方式呈现定制化、智能化、网络化特征。从传统的生产组织看，制造业主要是由区域集群为主的合作模式组成较为单一封闭的供应链，并采取大批量的单一生产方式。而新一代信息技术的应用把不同的制造商和供应商紧密联系起来，整合企业间的优势资源，满足个性化定制需求；同时，新型生产组织还通过云平台、供应链整合、协同制造等使不同环节的企业间实现信息共享，并通过协同，加强产业链的合作，使各环节集中发挥核心优势。目前，新型的生产组织形式主要有网络制造、分布式制造、个性化定制和众包四种，随着技术与应用发展，还将出现新的组织形式。特别是，随着以3D打印为代表的数字化和信息技术的普及带来的技术革新，制造业的进入门槛将降至最低，没有工厂与生产设备的个人也能很容易参与到制造业之中。制造业进入门槛的降低，意味着会有一些意想不到的企业或个人参与到制造业，从而有可能给商业模式带来巨大变化。生产者与消费者关系也在重构，传统制造业是供给导向的模式，生产者以产定销，规模生产；而新一代信息技术正在驱动着企业与消费者关系从供给导向向需求导向转变。随着消费者对定制化的热衷，一些公司利用先进技术以更精确的方式应对消费者的需求，以提供更大的客户价值。当前，主要的定制化技术有社交技术、在线互动产品配置程序、3D扫描和塑模、推荐引擎、动态计价的智能运算法则、企业制造软件和灵活生产系统七大技术。利用这些技术应对大规模产品个性化定制浪潮，可以让新技术的力量获得更充分的利用，以更有效率的方式精确地为消费者服务。

四是技术创新范式正在革新。第一，创新载体从单个企业向跨领域多主体的协同创新网络转变。在传统的创新活动中，新技术新产品的推出很大程度上依赖于单个企业的技术研发和商业化等活动，如第一部商用手机的研究开发和生产基本上由摩托罗拉公司独家完成。但是随着产业分工日益细化，产品复杂程度日益提升，技术集成的广度和深度大幅拓展，单个企业难以也无法覆盖全部创新活动，需要与大学、科研机构、行业协会及其他企业等不同创新主体组成新型的协同创新网络。在这个网络中，不同类型的组织可以迅速地参与研发、设计、生产、物流和服务等活动，实现价值和资源配置的优化。第二，创新流程从线性链式向协同并行转变。信息技术的迅猛发展和加速应用，推动网络化条件下创新链各环节之间的联系更加紧密，创新链条表现得更加灵巧。传统意义上的基础研究、应用研究、技术开发和产业化边界日趋模糊、紧密衔接，甚至重叠并行，新技术从研发到进入市场的周期大幅缩短。近代工业文明以来，重要的技术发明从科学原理的建立到技术应用转化的周期越来越短。例如，从1782年摄影原理的发现到1838年照相机的发明，用了56年；从1925年雷达原理的发现到1935年雷达装置的诞生，用了10年；从1984年多媒体摄像的产生到1991年多媒体计算机的产生，用了4年；时至今日，互联网、智能终端等领域一个想法的产生到实现的周期往往以月甚至以周来计算。第三，创新模式由单一的技术创新向技术创新与商业模式创新相结合转变。随着互联网的快速发展和全球化进程的日益深入，商品、技术和资本在全球范围内的流动性不断扩大，技术的溢出效应不断增强，技术创新的模仿壁垒和垄断利润急剧下降，单纯依靠技术创新的盈利模式被打破，商业模式创新正成为制造业创新驱动发展的新方向。由于商业模式创新更加注重市场导向，为用户提供更丰富的服务和更人性化的体验，往往使创新成果更快地转化成实际商业价值。技术创新与商业模式创新融合互动越来越成为创新的主流模式。

二、世界各国加大对制造业领域的战略部署

经过百年的工业化和数十年的全球化进程，在信息技术和制造业深度融合以及相关科技革命的驱动下，制造业重新成为全球经济竞争的制高点。为抢占新一轮产业主导权，发达国家制定了一系列重振制造业的再工业化战略计划。全球性的产业结构大调整已经成为未来发展的主旋律。

（一）美国实施《先进制造业国家战略计划》

2012年2月，美国发布《先进制造业国家战略计划》，从投资、劳动力和创新等方面提出了促进美国先进制造业发展的五大目标及相应的对策措施，将促进先进制造业发展提升到了国家战略层面。该计划客观描述了全球先进制造业的发展趋势及美国制造业面临的挑战，明确提出了实施美国先进制造业战略目标，规定了衡量每个目标的近期和远期指标，而且指定了参与每个目标实施的主要联邦政府机构，展现了美国政府振兴制造业的决心和愿景。先进制造业战略计划旨在实现五大目标，这些目标是相互关联的，任何单个目标的进展都会使得其他目标更容易进行。

目标一：加快中小企业投资。协调先进制造业公共和私人资本对研发领域的联合投资；加强联邦政府对先进制造商生产产品的采购；加强国家对中小企业先进制造业共享基础设施的支持。

目标二：提高劳动力技能。及时更新制造业劳动力；强化先进制造业工人培训；联邦政府为未来工人提供教育和培训；加强对下一代教育。

目标三：建立健全合作伙伴关系。联邦政府鼓励中小企业参与合作伙伴，扩大企业的商业化和规模化活动；加强基于集群的伙伴关系。

目标四：调整优化政府投资。加强先进制造业投资组合；开展跨领域的机构投资。

目标五：加大研发投资力度。加强并永久化研究和试验税收减免；加大政府投资力度。

在奥巴马新政的激励下，包括汽车工业、重工业、高科技企业在内的制造业有了回归美国本土的迹象。如卡特彼勒正在逐步把制造业从墨西哥迁回美国本土。国家收银机公司（NCR）在新政的鼓励下将其自动提款机的生产，由中国迁回美国佐治亚州。美国的领军企业苹果公司也计划在美国本土投资1亿美元，建立Mac电脑的组装生产线。

（二）德国实施工业 4.0 计划

德国是一个高端制造大国，制造业增加值占 GDP 比重保持 20% 左右。2013 年 4 月，德国政府正式推出工业 4.0 计划，旨在通过充分利用信息通信技术和网络空间虚拟系统（Cyber—PhysicalSystem，CPS），建立高度灵活的个性化和数字化的生产模式，改造创造新价值的过程，重组产业链分工，推动德国乃至欧洲的制造业向智能化转型，最终使整个欧盟的工业增加值占比提高到 20%。德国经济"奇迹"与其建立的强大高端制造业及有力的出口不无关系。中国有"世界工厂"的称号，但中国出口的产品主要是附加值较低的劳动密集型产品。德国也被誉作"世界工厂"，而生产的是高附加值的高科技产品。这些高端产品即使在世界贸易不振时，出口所受的影响也不算大。德国的工业 4.0 计划有两大主题：一是"智慧工厂"，重点研究智能化生产系统及过程，以及网络化分布式生产设施的实现；二是"智能生产"，主要涉及整个企业的生产物流管理、人机互动以及 3D 技术在工业生产过程中的应用等。

（三）日本发布《机器人新战略》

为抢抓新科技革命的契机，日本在 2015 年 1 月发布《机器人新战略》，提出要策划实施机器人革命，将机器人与 IT 技术、大数据、网络、人工智能等深度融合，在日本建立世界机器人技术创新高地，营造世界一流的机器人应用社会，引领物联网时代机器人的发展。日本机器人战略的主要内容包括：

三大战略目标。一是使日本成为世界机器人创新基地。二是日本的机器人应用广度世界第一。三是日本迈向领先世界的机器人新时代。

六大重要举措。一是一体化推进创新环境建设，成立"机器人革命促进会"，负责产学政合作以及用户与厂商的对接、相关信息的采集与发布，建设各种前沿机器人技术的实验环境，为未来形成创新基地创造条件。二是加强人才队伍建设，通过系统集成商牵头运作实际项目和运用职业培训、职业资格制度来培育机器人系统集成、软件等技术人才。三是关注下一代技术和标准，争取国际标准，并以此为依据来推进技术的实用化。四是制定机器人应用领域的战略规划，明确机器人应用领域未来 5 年的发展重点和目标。五是推进机器人的应用，鼓励各类企业参与到机器人产业之中。六是确定数据驱动型社会的竞争策略，实现日本机器人随处可见，搭建从现实社会获取数据的平台，使日本获取大数据时代的全球化竞争优势。

（四）法国实施《新工业法国》战略

为应对 2008 年国际金融危机带来的法国制造业就业率和增加值下滑走势，法国于 2013 年 9 月推出了《新工业法国》战略，旨在通过创新重塑工业实力，使法国处于全球工业竞争力第一梯队。法国"再工业化"的布局优化为"一个核心，九大支点"。一个核心，就是所谓的"未来工业"，主要内容是实现工业生产向数字化、智能化转型，以生产工具的转型升级带动商业模式转型。九大支点，包括新资源开发、可持续发展城市、环保汽车、网络技术、新型医药等，一方面旨在为"未来工业"提供支撑，另一方面重在满足人们日常生活的新需求。在《新工业法国》战略公布后的一年时间里，法国已推出了 10 项标志性成果，包括：无人机、搭载氢燃料电池的雷诺 kangoo 电动汽车、外骨骼机器人、智能仿生腿、联网 T 恤、增强现实眼镜、教育平板电脑、小学生平板电脑、新型电动飞机等。

总结各国的创新行动计划，新一轮的国际竞争策略重点主要是发展以信息技术为基础的新型制造产业，推进产业结构进一步高端化发展。美国侧重于发明创造新技术、新产品；德国致力于巩固强化制造优势；日本更加注重对人的替代和效率提升；法国侧重于在一些具体领域、具体项目抢占竞争优势。但总体都体现出了产业重心由第二产业（先进制造业）向第三产业（现代服务业）转移渗透的融合发展态势，大力发展技术密集型和信息密集型的服务化、智能化、绿色化、网络化制造成为"未来工业"的主要趋势。

三、我国制造业发展面临内外双重竞争压力

制造业是我国经济的根基所在，也是推动经济发展提质增效升级的主战场。近十年来，我国制造业持续快速发展，总体规模大幅提升，综合实力不断增强，不仅对国内经济和社会发展做出了重要贡献，而且成为支撑世界经济的重要力量。2014 年，我国工业增加值达到 22.8 万亿元，占 GDP 的比重达到35.85%，我国制造业产出占世界比重达到 20% 以上，连续多年保持世界第一制造大国地位。但我国仍处于工业化进程中，大而不强的问题依然突出，与先进国家相比还有较大差距。

从国际外部环境看，国际金融危机后，发达国家高端制造回流与中低收入国家争夺中低端制造转移同时发生，对我国形成"双向挤压"的严峻挑战。一方面，制造业重新成为全球经济竞争的制高点，发达国家纷纷制定以重振制造业为核心的再工业化战略，高端制造领域出现向发达国家"逆转移"的态势。另一方面，国际上劳动密集型制造业向中国转移的趋势已经开始放缓，越南、印度、墨西哥与东欧等国家以比中国更低的成本优势，成为接纳工业发达国家产业转移的新阵地。

从我国发展的内部来看，我们的比较优势正在减弱，资源环境压力越来越大，工业大而不强、亟须转型升级的阶段性矛盾更加突出。主要表现在：产业发展自主创新能力弱，关键核心技术与高端装备对外依存度高；产品档次不高，缺乏世界知名品牌和跨国企业；资源能源利用效率低，环境污染问题较为突出；产业结构不合理，高端装备制造业和生产性服务业发展滞后，以企业为主体的制造业创新体系仍不完善。

因此，面对发达国家高端先发效应和其他新兴经济体相对比较优势的双重挤压和双重挑战，面对我国经济自身发展累积的诸多矛盾，加快依靠创新重塑国际竞争新优势，实现中国从制造大国向制造强国转变，是我们国家今后发展的必然选择。目前中国还处于工业化进程中，制造业仍是国民经济的重要支柱和基础，丝毫不能忽视。习近平总书记多次作出重要指示，要求推动中国制造

向中国创造转变、中国速度向中国质量转变、中国产品向中国品牌转变。李克强总理强调，制造业发展与就业、民生密切相关，根本出路在于加快创新升级，强化质量品牌建设，打牢实体经济根基，要求抓紧拿出促进制造业长远发展的工作思路和具体措施。

四、《中国制造 2025》提出制造强国新战略

2015 年 5 月国务院正式印发了《中国制造 2025》，勾勒出制造业未来 10 年发展蓝图，提出通过"三步走"实现制造强国的战略目标。这是党中央、国务院站在增强我国综合国力、提升国际竞争力、保障国家安全的战略高度作出的重大战略部署。

《中国制造 2025》提出，要坚持"创新驱动、质量为先、绿色发展、结构优化、人才为本"的基本方针，坚持"市场主导、政府引导，立足当前、着眼长远，整体推进、重点突破，自主发展、开放合作"的基本原则，通过"三步走"实现制造强国的战略目标：第一步，到 2025 年迈入制造强国行列；第二步，到 2035 年我国制造业整体达到世界制造强国阵营中等水平；第三步，到新中国成立一百年时，我制造业大国地位更加巩固，综合实力进入世界制造强国前列。

围绕实现制造强国的战略目标，《中国制造 2025》明确了 9 项战略任务和重点：一是提高国家制造业创新能力；二是推进信息化与工业化深度融合；三是强化工业基础能力；四是加强质量品牌建设；五是全面推行绿色制造；六是大力推动重点领域突破发展，聚焦新一代信息技术产业、高档数控机床和机器人、航空航天装备、海洋工程装备及高技术船舶、先进轨道交通装备、节能与新能源汽车、电力装备、农机装备、新材料、生物医药及高性能医疗器械等十大重点领域；七是深入推进制造业结构调整；八是积极发展服务型制造和生产性服务业；九是提高制造业国际化发展水平。

《中国制造 2025》明确，通过政府引导、整合资源，实施国家制造业创新中心建设、智能制造、工业强基、绿色制造、高端装备创新等五项重大工程，实现长期制约制造业发展的关键共性技术突破,提升我国制造业的整体竞争力。

概括《中国制造 2025》，就是"一二三四五五十"。制造业发展蓝图，见图 1-1。

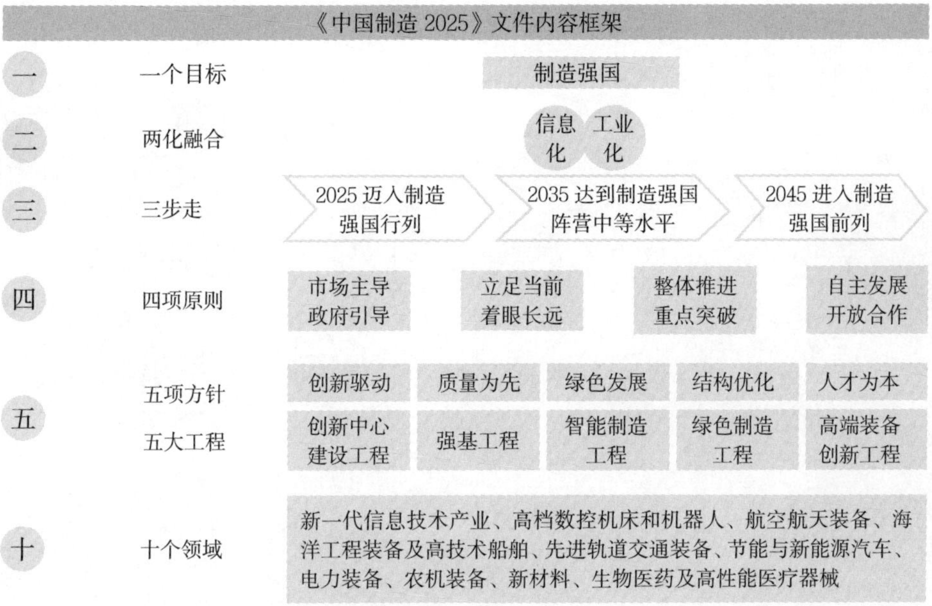

《中国制造 2025》文件内容框架				
一	一个目标	制造强国		
二	两化融合	信息化　工业化		
三	三步走	2025 迈入制造强国行列	2035 达到制造强国阵营中等水平	2045 进入制造强国前列
四	四项原则	市场主导政府引导	立足当前着眼长远　整体推进重点突破	自主发展开放合作
五	五项方针	创新驱动　质量为先　绿色发展　结构优化　人才为本		
	五大工程	创新中心建设工程　强基工程　智能制造工程　绿色制造工程　高端装备创新工程		
十	十个领域	新一代信息技术产业、高档数控机床和机器人、航空航天装备、海洋工程装备及高技术船舶、先进轨道交通装备、节能与新能源汽车、电力装备、农机装备、新材料、生物医药及高性能医疗器械		

图 1-1　制造业发展蓝图

在全球产业变革和中国制造转型升级的大体系中，北京制造业何去何从，要不要发展，该怎么发展？需要我们基于对制造业发展规律的判断认识，基于首都的功能定位，基于自身发展条件，做出科学的判断和选择。

担当引领制造业创新发展新使命

在新形势下，北京必须以更新的理念、更高的眼界，在更高的层面上谋划发展，加快实现发展动力的转换，以创造性活动为高精尖经济结构构建提供支撑，引领全国制造业转型提升，担当推动中国制造创新发展新使命。

第二章　担当引领制造业创新发展新使命

北京是一个有着 3000 年建城史，800 多年建都史的六朝古都。新中国成立以来，北京的经济社会发展通过三次重大战略性调整，历经从建国初期的消费型城市到工业城市再到以服务经济为主导的现代化国际都市转变，全面完成了工业化、城市化发展进程，经济发展迈入新的历史阶段。在发达国家经济复苏艰难曲折、新兴市场国家经济增速放缓、新科技革命颠覆产业形态、世界贸易格局变革加剧和国内进入三期叠加的"新常态"等宏观形势下，北京作为首都不仅要适应新常态，更有责任在创新发展上有更大担当、更大作为，引领新常态。

一、北京制造业发展与首都城市功能定位调整的历史沿革

北京近代工业起步较晚，新中国成立前工业发展极其缓慢。新中国成立后，在政府政策引导和计划推动下，北京工业开始快速发展。在六十多年的发展过程中，伴随城市功能不断丰富、定位优化变化，北京工业也经历了不断调整升级的发展过程，基本构建形成以现代制造业为引领的发展格局。新的时期，紧扣北京作为全国政治中心、文化中心、国际交往中心、科技创新中心的核心功能，首都工业必须以更新的理念、更高的眼界，在更高的层面上谋划发展。

（一）工业化主导战略阶段（新中国成立初—70 年代末）

20 世纪 50 年代初，中央提出加快由农业国家转变为工业国家，强调我国工业化指导思想是优先发展重工业。作为首都，为发挥在全国工业化中的表率带头作用，尽快改变首都经济基础落后面貌，推进首都从消费型城市向综合性

生产型城市加快转变，全市坚持全面发展，在低起点上快速起步，开始了大规模的重工业化进程。到 70 年代末，在二环路周边地区基本建立起较为完整的重工业体系，全国统一划分的 130 个工业部门中北京占 120 个。到 1979 年，工业增加值占全市 GDP 比重达到 64.4%，比新中国成立初提高 25 个百分点。随着工业总量的扩大和城市人口规模的扩张，城区工业与城市功能的矛盾开始显现，工业内部也暴露出若干问题，如产业结构偏重，适合首都特点的食品、纺织、服装等轻工业发展不足；钢铁工业和石油化工等重工业发展相对强势，带来首都资源供应紧张、三废污染严重、城区环境恶化等负面效应，亟待进行调整。

（二）首都经济模式探索阶段（20 世纪 80 年代初—90 年代中）

以 1978 年党的十一届三中全会的召开为标志，我国进入改革开放和社会主义现代化建设的新时期，也对首都经济发展提出新的要求。1980 年中共中央书记处《关于首都建设方针的四项指示》提出，要把北京建设成为全国道德风尚最好，环境最清洁、最优美，科学文化技术最发达，人民生活安定的一流城市。当时，国家要求北京弱化作为经济中心的功能，明确不要再发展重工业。为此，北京工业开始进行全局性战略调整，确立了从建设现代化工业城市转向发展适合首都特点工业的总体思路，开始"做减法"。这一时期，北京严格限制新上重工业项目，加快推进污染扰民企业搬迁，大力推进企业技术改造。1989 年，全市工业总产值达到 622 亿元，比 1978 年增长 2.7 倍；工业增加值占全市国内生产总值的比重由 1978 年的最高点 64.5% 逐步下降至 46.7%。从工业内部看，轻工业发展速度有所加快，轻重工业比例结构适当回调。食品、电子、汽车、家用电器、印刷和轻纺等适合首都特点的工业地位得到加强。

（三）首都经济战略提出与深化阶段（20 世纪 90 年代中—2005 年）

20 世纪 90 年代后，在中央以经济建设为中心的基本政策引导下，北京出台新一轮的总体规划，确立发展"以高新技术为先导、第三产业发达、产业结构合理、高效益高素质的适合首都特点的经济"的总体目标。1999 年，北京提出 "首都经济"战略，确立高端、高效、高辐射的发展方针。这一时期，北京工业通过深化国企改革、开放引入外资，发展重点逐步向电子信息、生物医药、装备、节能环保等高新产业领域聚焦。一方面，工业在首都经济中的比重继续下降，另一方面，高新技术产业在工业中的占比持续提高。2005 年，规模以上工业总产值达到 6946.2 亿元，是 1991 年 730.2 亿元的近 10 倍。其中，高新技术制造业总产值达到 2407.1 亿元，占工业总产值的 35%。以电子信息为主导，包括生物工程和新医药、光机电一体化、节能环保等在内的高新技术产业发展迅速，逐步成为北京工业的主导产业。

（四）向创新驱动发展战略转型阶段（2006 年—2012 年）

"十一五"后，首都各方面发展进入战略调整的关键时期，"转变增长方式"逐步成为首都各项工作的发展主 线。围绕首都战略调整， 2006 年 3 月北京市工业工作会提出"转变增长方式、推进自主创新"的发展思路，工业发展进入以结构调整和转变发展方式为主线的新一轮调整转型期。2006 年规模以上工业总产值 8210.0 亿元，2012 年达到 15596.2 亿元，年均增长约 1200 亿元。工业占比继续下降，工业增加值占全市国内生产总值的比重由 21.4% 下降至17.0%。这期间，工业发展的突出特点是加强了产业的进退调整。在政策引导下，首钢完成搬迁调整，180 多家"三高"企业退出北京；小钢铁冶炼、小水泥、小化工、小火电、小铸造、小印染、电镀、平板玻璃、制革、有色冶炼、焦炭、氯碱、采矿等行业基本退出北京；现代制造业占工业的比重由 37.3% 逐步上升至 42.4%；战略性新兴产业蓬勃发展，工业结构得到进一步优化调整。

（五）2013 年以来，工业进入"围绕首都城市功能定位"进行深度调整的创新发展新阶段

党的十八大以来，特别是习近平总书记 2014 年 2 月视察北京工作并作出重要指示后，紧紧围绕加快疏解非首都功能、构建高精尖经济结构、推动京津

冀协同发展的总体战略部署，北京工业进入全面推动创新发展、提质增效的新阶段。北京作为全国政治中心、文化中心、国际交往中心、科技创新中心，要适应创新活动全球化发展新态势，承载科技创新中心建设战略要求，打造具有高精尖特征、匹配于首都地位、内生于城市性质的新型经济结构。从城市性质功能与经济活动的深层次关系出发，科学审视制造业在北京城市发展中的作用成为新时期的重大命题。

二、北京制造业发展现状与新时期需要破解的主要问题

近年来，北京制造业按照中央和市委市政府决策部署，加快转变发展方式，大力推动战略性、深层次结构调整，制造业整体保持稳步增长，质量效益实现明显提升，为全市构建"高精尖"经济结构提供了强有力的支撑。

（一）经过多年的调整发展，北京已经初步构建形成高端发展、创新引领的产业发展格局

1.产业规模总量不断扩大

新中国成立60多年来，北京市制造业规模实现从亿元到十亿元到百亿元到千亿元三级跨越，2014年，北京工业增加值达到3746亿元，占全市GDP的比重为17.56%。北京工业规模以上企业个数达3686家，实现主营业务收入19776.67亿元，利润总额达2407.86亿元。其中，以现代制造业和战略新兴产业为主体的高端制造业成为工业的发展主体。2014年，北京现代制造业完成工业总产值8635.95亿元，占规模以上工业总产值的46.8%。战略性新兴产业收入占比超过全市五分之一。产业内涌现出包括联想集团、北汽集团、首钢集团等在内的一批世界500强企业，行业影响力有明显提升。2010-2014年北京现代制造业占比变化，见图2-1。

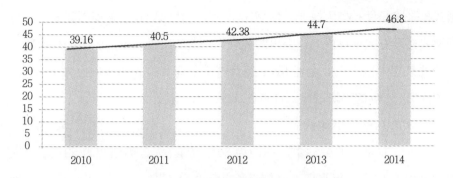

图 2-1　2010-2014 年北京现代制造业占比变化

2. 技术创新能力全国领先

2014 年，北京市级及以上企业技术中心数量达到 575 个，规模以上工业企业中有创新活动的企业占比达 65%，居全国首位，比全国平均水平高 18.2 个百分点，高于芬兰、瑞典等部分创新型国家 2010 年的创新水平。

3. 创新支撑体系逐步完善

全市布局建设了中关村示范区科技金融综合服务平台、首都科技条件平台等一批创新支撑公共服务平台；建立了以孵化器、大学科技园、留创园、行业协会、科技中介机构为支撑的创新创业服务体系；聚集了一批包括高等院校和科研院所、国家级研究机构、新兴工业领域前沿技术高端人才在内的科技创新资源，政产学研用协同推进创新的模式逐步形成。

4. 集约发展水平居全国前列

2014 年，北京工业万元产值能耗 0.516 吨标煤，相当于全国万元工业增加值能耗（1.198 吨标煤）的 43.1%。万元增加值水耗 13.59 立方米，相当于全国万元工业增加值水耗的 21.23%。

（二）从国家战略需求和国际先进地区对比来看，北京制造业发展还存在一些问题

1. 自主创新能力不足

北京制造企业的创新能力整体仍偏弱。北京工业注重产值和规模总量的外

31

延式扩张路径没有彻底改变，依靠知识创新、技术创新、管理创新的新经济增长模式还没有完全形成。这突出的表现为企业研发投入不足。根据统计数据，目前北京规模以上工业企业 R&D 经费占主营业务收入的比重仅为 1.14%，低于国际 2%-3% 的平均占比，自主创新能力有待提升。

2. 工业产出效率偏低

目前，北京工业劳动生产率约为 30.9 万元 / 人，美国约为 52 万元 / 人。就国内而言，2014 年北京工业总资产贡献率为 7.8%，不及上海、天津等地。2014 年北京与其他地区总资产贡献率对比，见图 2-2。

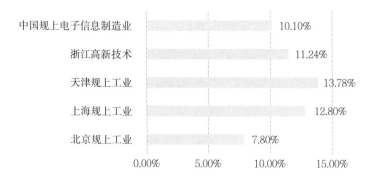

图 2-2　2014 年北京与其他地区总资产贡献率对比

3. 缺少关键核心技术

北京制造业对产业关键环节的控制能力较弱，如集成电路行业，集成电路设计、核心装备等关键环节均在发达国家手中，形成电子信息行业"缺核少芯"、受制于人等问题；新能源汽车行业，纯电动汽车电池部分依赖于国外的电池材料技术。

4. 缺少国际知名品牌

作为全国科教智力资源最为密集的地区之一，北京工业领域尚未出现一个影响全球的技术创新成果，也缺乏像苹果、微软一样的创新领军型企业。Interbrand 发布的《2014 年最佳中国品牌价值排行榜》中，北京工业领域仅有联想上榜。

三、《中国制造 2025》战略对北京制造业发展的要求

我国经济增长正由传统的以要素投入、工业拉动、政府主导、高速增长为显著特征的发展模式，向形态更高级、分工更复杂、结构更合理的阶段演化。北京作为国家首都，历年来在服从与服务国家战略方面做出重大贡献。新的历史时期，《中国制造 2025》对作为科技创新中心的北京也提出新的要求，需要北京在实现"中国制造向中国创造转变，中国速度向中国质量转变，中国产品向中国品牌转变"的进程中发挥创新支撑作用，走在全国前列。从北京资源条件来看，需要在三个方面强化对《中国制造 2025》的支撑。

（一）落实两化融合战略，突出智能制造主攻方向

《中国制造 2025》提出"以推进智能制造为主攻方向"并实施"智能制造工程"，加快推动新一代信息技术与制造技术融合发展，把智能制造作为两化深度融合的主攻方向；着力发展智能装备和智能产品，推进生产过程智能化，培育新型生产方式，全面提升企业研发、生产、管理和服务的智能化水平。

工信部等国家部委近年来通过智能制造专项、智能制造试点示范等加大对智能制造的支持力度，产业发展将迎来战略机遇期。此外，国民经济重点产业发展、重大工程建设以及传统产业升级改造，均对智能制造提出了巨大市场需求。

北京智能制造初具规模，具有较强竞争优势，同时也存在重点领域企业集中度不高、市场延展和资源整合不足、产业协同和规模效应不明显等问题，距离《中国制造 2025》的要求还有一定差距。需要紧抓工业转型升级、两化深度融合、京津冀协同发展的有利时机，巩固提升智能核心装置、智能装备、智能化生产线等关键领域基础优势，加大关键智能装备的集成应用和数字化车间、智能工厂的推广应用，培育和提升重点行业智能制造系统集成能力，支持智能制造新业态新模式培育和示范发展。优化发展空间，促进智能制造生产配套、模式推广和市场应用在京津冀区域内实现协同发展。加大政策引导和扶持力度，做好资金支持、平台搭建、资源整合、产业对接、项目引导等产业支撑服务，

强化智能制造在全市高精尖产业构建、工业转型升级的服务支撑作用。

（二）围绕产业链分工协作，发挥创新引领功能

《中国制造2025》提出"提高国家制造业创新能力，完善以企业为主体、市场为导向、政产学研用相结合的制造业创新体系。围绕产业链布局创新链，围绕创新链配置资源链，加强关键核心技术攻关，加速科技成果产业化，提高关键环节和重点领域的创新能力。"

近年来，北京通过深化科研机构体制改革，搭建科技创新平台，推动科技交流与合作，推进企业自主创新，取得显著成效，工业创新能力明显增强。建立了以开发实验室、孵化器、大学科技园、留创园、行业协会、科技中介机构为代表的创新创业服务体系；聚集了一批包括高等院校和科研院所、国家级研究机构、新兴工业领域前沿技术高端人才在内的科技创新资源；行业龙头企业逐渐成为创新的主体，政产学研用协同推进创新的模式逐步形成，创新环境日益优化，技术创新体系框架基本完备。北京作为国家科技创新中心，在制造强国建设布局中的主要突破点应在于"产品创造"环节，引领解决长期困扰我国的制造业创新能力不足问题，从"中国制造"到"中国创造"，通过技术创新辐射带动全国制造业的整体升级。依靠创新驱动，抢抓新科技革命和产业变革的战略机遇，重塑我国制造业的国际竞争新优势。

（三）立足基础工艺科研能力，助推工业强基工程建设

长期以来，我国制造业大而不强的核心问题就是基础能力薄弱，关键技术落后。长期以来，我国相当部分关键基础材料、核心基础零部件不能自给，依赖进口，国产核心基础零部件可靠性低，致使主机面临"空壳化"困境。《中国制造2025》提出："强化工业基础能力，核心基础零部件（元器件）、先进基础工艺、关键基础材料和产业技术基础等工业基础能力薄弱，是制约我国制造业创新发展和质量提升的症结所在。要坚持问题导向、产需结合、协同创新、重点突破的原则，着力破解制约重点产业发展的瓶颈。"

经过多年发展，北京工业基础能力逐步加强，产业高端化发展趋势愈加明显，尤其在工业研发和设计环节具备较强的优势。北京拥有丰富的科研资源，集中了清华大学、北京理工大学、北京工业大学、北京化工大学等重点高校，集聚了中国钢研科技集团、北京机电研究所、北京航空制造工程研究所、北京机械工业自动化研究所等大型科研院所资源，吸收了大量的优秀基础科研人员和工艺人才，具备开展核心基础零部件（元器件）、先进基础工艺、关键基础材料和产业技术基础（以下简称为"四基"）等工业基础研究和创新的能力。北京以自身优势吸引和培育了一批创新型"四基"企业，对首都钢铁集团、燕山石化公司等传统基础工业企业进行疏解、改造和升级，依托产学研深入合作，开展了一批工业强基项目，具备引领全国提升工业基础能力的实力。当前，北京工业进入质量效益提高、产业结构优化的新阶段，打造品牌竞争优势，引领全国实施工业强基工程，推进制造强国建设，成为北京工业新的历史使命。

四、首都城市战略定位调整对北京制造业发展的要求

今后几年，是北京加快推动京津冀协同发展、努力构建"高精尖"经济结构的关键时期。立足首都城市战略定位，着眼建设国际一流的和谐宜居之都，一方面对北京制造业发展提出严控新增产能、转移淘汰现有中低端产业等新要求，另一方面也对制造业如何支撑科技创新中心建设提出新诉求。

（一）疏解非首都功能要求加快优化调整制造业存量

党中央、国务院在新的历史条件下作出推动京津冀协同发展的重大决策部署，是从根本上促进北京城市功能升级、经济发展方式转变的重大举措。产业结构调整和升级转移是推动京津冀协同发展各项任务中，需要集中力量先行启动、率先突破的重点领域之一。随着《京津冀协同发展规划纲要》出台，有序疏解北京非首都功能、加快经济结构的高精尖升级成为北京市较长一段时间的行动纲领，也成为北京优化存量土地资源利用、提升产业发展质量的重要契机。紧扣疏解北京非首都功能要求，深度调整优化三次产业内部结构，通过主动瘦

身，放弃"大而全"的产业体系，加快一般性制造业的关停淘汰、疏解转移和改造升级，是新时期城市发展赋予工业发展的重要使命。

（二）建设科技创新中心需要强化制造业的产业创新功能

"全国科技创新中心"是北京新的城市战略定位，也是北京作为首都的一项核心功能。建设科技创新中心，核心是要探索形成创新驱动发展的道路、模式。实施创新驱动发展战略是落实首都城市战略定位、推动京津冀协同发展的战略选择和根本动力。建设科技创新中心，不只是科学、技术层面的创新，更重要的是产业层面的创新。制造业是产业创新的重要阵地，产业技术创新又是实现经济增长的重要力量。因此，加快实施创新驱动发展战略，必须要把制造业的创新发展摆在更加突出的位置，健全技术创新市场导向机制，强化企业技术创新主体地位，牢牢瞄准新产业、新业态、新技术、新模式，使首都科技资源优势通过创新加快向现实生产力转化、向发展优势转化，提升产业自主创新能力，为全市经济社会发展提供强大支撑，从而进一步强化全国科技创新中心的地位和功能，打造引领全国、辐射周边的创新发展战略高地。

（三）全面治理大城市病要求制造业向绿色低碳循环转型

随着首都经济社会的快速发展和城市化步伐明显加快，大量外来人口涌入，使得北京城市体量急剧膨胀。"摊大饼"式的空间扩张、"大而全"的产业体系、"各自为政"的区域发展模式，不仅加大了当前首都人口资源环境的巨大压力，而且也影响了首都核心功能的发挥、城市竞争力的提升、城市运行和管理效率的提高。首都经济发展、城市功能与城市人口资源环境的矛盾越来越突出。破解首都发展长期积累的深层次矛盾和问题，加快解决北京"大城市病"，一方面需要补齐生态环境建设和城市环境治理两个短板，另一方面要从造成城市资源环境负荷过重的根本因素出发，通过重构优化首都产业体系，推动产业绿色低碳循环发展，降低资源消耗强度和污染排放强度。这对制造业发展提出几个层面的新要求：一是从空间层面，应推动市区工业园区、高新技术开发区等实现绿色循环低碳化综合改造，加快推动统筹京津冀"城市矿产"示范基地建设，促进产业合理集聚；二是从产业链条层面，应推进产业循环式组合，促进生产和生活系统的循环链接，降低产业发展的综合消耗；三是从企业层面，应加快现有存量产业的绿色化、高端化改造，推动企业开展生态设计，加快先进工艺技术应用，提升精细化管理水平，大力减少原材料消耗和资源浪费。

（四）落实主体功能区战略要求系统优化制造业的空间布局

2013 年，党中央国务院做出实施主体功能区战略，推进主体功能区建设的重大决策，要求各地在发挥市场机制作用的基础上，充分发挥政策导向作用，引导资源要素按照主体功能区优化配置，为主体功能区建设创造良好的政策环境，着力构建科学合理的城市化格局、农业发展格局和生态安全格局，促进城乡、区域以及人口、经济、资源环境协调发展。按照国家主体功能区战略的总体部署，结合《京津冀协同规划纲要》的实施要求，北京市将全市划分为城六区、城六区以外的平原地区、城六区以外的山区三个区域，未来将按照三个区域的实际特点，分类引导区域城市开发和产业发展工作。按照首都新的主体功能区划分要求，制造业布局还存在城六区占比较大，部分郊区产业发展不充足等现实问题，需要进一步调整和优化。下一步需要统筹考虑总量、结构、布局的三维体系，把制造业布局和城市功能布局调整有机结合起来，统筹考虑人口、资源、环境与产业发展、城市增长的关系，加快建立全市统筹的空间规划体系，推进经济社会发展规划、城乡建设规划、土地利用规划、生态建设和环境保护规划等"多规合一"。

在《中国制造 2025》提出的宏伟蓝图下，北京制造业的发展应跳出生产型的产业范畴，结合疏解非首都功能关于调整退出一般性制造业和"去生产制造环节"的要求，着眼于创新引领，着眼于"未来工业"，寻求新的突破口。

率先开创发展高精尖产业新道路

 关于"高精尖"产业的内涵解析

打造高精尖经济结构的实质要求是通过优化区域经济功能解决城市发展问题，高精尖产业本质是创新驱动形成的产业。

 高精尖产业的外延特征

| 产业结构高端化 | 产业业态服务化 | 产业布局集聚化 | 产业生态融合化 | 产业消耗低碳化 |

 发展高精尖产业的战略取向

加快由全面发展向重点突破转变，构筑创新驱动的行业发展格局

加快从生产制造向产品创造转变，构筑服务引领的新型产业组织

加快从链式集聚向生态集群转变，构筑产城融合的资源配置体系

加快从内部扩张向区域协同转变，构筑开放合作的空间支撑体系

四 **推动制造业向高精尖转型的主要路径**

区域层次

- 推动产业结构优化升级
- 大力发展战略性新兴产业
- 加快制造业的服务化进程

- 支持产业辐射转移
- 构建高精尖产业社区

- 促进企业延伸高端服务环节
- 推动企业实施综合技术改造
- 加强对高精尖项目的投资

产业层次

企业层次

第三章　率先开创发展高精尖产业新道路

2014 年 2 月 26 日，习近平总书记视察北京工作时，进一步明确北京作为全国政治中心、文化中心、国际交往中心、科技创新中心的城市战略定位。总书记在视察中指出，"北京不提经济中心定位，不是要放弃经济发展、产业发展，而是要放弃发展'大而全'的经济体系，'腾笼换鸟'，构建'高精尖'的经济结构，使经济发展更好地服务于城市战略定位。"在全球产业创新变革的新形势下，北京制造业的发展要紧扣产业演变规律，紧扣疏解非首都功能要求，跳出传统的产业门类划分思维，把打造高精尖产业体系作为新的突破口，加快推动制造业转型发展。

一、关于"高精尖"的内涵解析

"高精尖"是一个相对的概念，我们体会习总书记对高精尖经济结构的内涵，必须从坚持和强化首都城市战略定位这个基本点出发，考虑城市功能与经济功能、考虑经济发展一般规律与区域经济的独有特征，从经济结构、产业发展需要两个层面去理解和把握。

（一）关于高精尖经济结构

经济结构是指在社会再生产过程中，国民经济各个部门、各类产业、各种所有制成分、各类经济组织、各个地区以及各个方面的构成和比例关系，资源在各种经济结构间的配置状态和发展水平，技术经济联系及其相互依存、相互制约的关系。概括来讲，经济结构是一个由许多系统构成的多层次、多因素的复合体。一个区域的经济结构包括了经济活动的产业结构、经济增长的动力结构、经济主体的组织结构、资源要素的配置结构、经济活动的空间结构等。受资源禀赋、技术进步、区位条件等因素影响，不同的国家和地区、不同的历史发展阶段，其经济结构的构成和特征是动态变化和有较大差异的。目前，在经济全球化、社会信息化、区域分工化发展新时期，产业链日益分解并在不同区域重构，信息技术不断催生形成新生产方式、新产业业态，全球各国和我国的经济结构也正在发展新的变化。党的十八大提出，"以改善需求结构、优化产业结构、促进区域协调发展、推进城镇化为重点，着力解决制约经济持续健康发展的重大结构性问题。"就是对我国经济发展结构调整的一种系统性、综合性阐述。

因此，高精尖经济结构本质不是有别于以往经济结构的一种新结构，而是有别于过去经济发展的一种新特征。解析高精尖经济结构不宜从高、精、尖的字面分解来看，而是基于一定的时间和空间，从经济发展的演变规律，阐释特定阶段、特定区域的经济结构所呈现的内在特征。因此，统筹考虑北京功能定位、经济发展水平、京津冀协同发展等经济发展的综合因素，我们将高精尖理解为新时期对北京经济结构调整的综合性要求，是主动适应发展规律的时代要求。从城市性质功能与经济活动关系的深层次关系来看，经济功能是城市功能的重点构成。打造高精尖经济结构的实质要求是通过优化区域经济功能解决城市发展问题。与科技创新中心定位相适应，高精尖经济结构的本质是创新驱动的经济，核心表现是首都城市功能的经济支撑能力升级。

也就是说，对于北京而言，高精尖经济结构的核心特质集中体现在经济发展目标匹配于首都地位，经济发展方向内生于城市性质，资源利用方式依存于城市资源禀赋，资源配置范围取决于城市能级、城市综合竞争力，从而使首都经济的发展从一般走向特殊，从跟随、模仿、同构竞争走向独创、差异化发展、高端引领。对于经济结构的多维特征，从增长动力来看，核心是要打造知识经济；从产业业态来看，重点是要发展服务经济；从资源利用和环境影响来看，要发展绿色经济。

（二）关于高精尖产业体系

产业结构是各部门之间的组合与构成情况，以及它们在社会生产总体中所占的比重，实质上是生产资料和劳动力在各产业部门之间的按比例分配。我们认为，产业结构优化是经济结构战略性调整的核心任务，培养具有"高精尖"特征的产业是打造高精尖经济结构的主要着力点和根本突破口。

立足首都功能定位，高精尖产业可以理解为，突破以产品规模生产、自然资源消耗、成熟技术工艺为主要特征的旧产业范畴，体现出资源要素集约、创新创造引领、附加价值较高、处于高端环节、具有主导权的新兴产业活动。高精尖产业本质是创新驱动形成的产业，不能简单通过一二三产业门类划分而定。其主要特征有两点：一是引领产业发展潮流，具备技术自主化、价值高端化特征；二是适应首都功能定位，具备生产清洁化、体量轻型化、产品服务化特征。向高精尖产业升级包括两个层面，一是产业结构升级，二是产业内升级，即"升向高端产业或产业链高端"。在全球价值链背景下，产业升级有四种方式：技术升级、产品升级、功能升级和价值链间升级，其中前三种方式可看作产业内升级，价值链间升级即产业结构升级。

二、高精尖产业的外延特征

发展高精尖产业的外延，就是坚持和强化首都城市战略定位，紧紧抓住国家实施制造强国战略的重大机遇，牢固树立创新、协调、绿色、开放、共享的发展理念，始终坚持高端化、服务化、集聚化、融合化、低碳化的发展方向，从国家战略需求出发，从首都实际出发，从产业演进规律出发，谋划北京产业发展方向，把握好新形势下北京产业发展的几个关键问题。

（一）高精尖产业的"五化"特征

习总书记在北京视察工作时，针对高精尖经济结构打造，提出促进产业高端化、服务化、集聚化、融合化、低碳化发展的"五化"思路。从产业体系维度来理解这"五化"，可以解析为产业结构高端化、产业业态服务化、产业布局集聚化、产业生态融合化、产业消耗低碳化。其中，产业结构高端化，就是要聚焦关系未来竞争的新兴技术、新兴产业领域，聚焦产业链条的高端环节、新兴业态。产业业态服务化，就是推动产业由以"生产"为主的业态向以"研发"和"服务"为主的业态转变；产业布局集聚化，就是要着眼产业活动和生态功能有机匹配的原则，坚持集约高效地利用土地资源和自然生态资源，打造高效紧凑发展的产业空间格局；产业生态融合化，就是要打造资源要素配置完善、创新创业活跃、高技术和平台型大公司发达、大企业和中小企业密切协作的良好产业生态系统，打造信息技术与制造业深度融合、服务业与制造业深度融合的产业新生态；产业消耗低碳化，就是大幅提高产业发展的资源能源利用效率，大幅减少温室气体和污染物排放。

结合"五化"，从高精尖产业的投入产出来看，主要体现"四高"特征：一是资源生产率高，即单位投入的自然资源、能源和土地等各类资源要素的产出附加值高；二是劳动生产率高，即一定时间内，一定劳动力投入形成的产出数量和价值要高；三是全要素生产率高，即除去所有土地、资源和劳动力等有形生产要素以外的纯技术进步对生产率增长的贡献要高，直接反映科技创新驱动水平；四是环境效率高，即单位环境负荷的经济价值要高。

（二）发展高精尖产业的几个问题

制造业是实体经济的主体和国民经济的支柱，是经济结构调整和产业转型升级的主战场。《中国制造 2025》提出以推进智能制造为主攻方向，包括了创新制造方式、拓展制造领域和完善制造业态等多重含义。北京支撑制造强国战略的主攻方向是突出"科技创新"导向，强化"支撑服务"内核，围绕制造业价值链的高端和创新部分，着眼二三产业融合发展趋势，聚焦能够体现国家战略取向、具有较强技术创新能力的战略前沿型产业、支撑首都功能更好发挥的关键领域，在新技术、新工艺、新业态、新模式上寻求突破，起到对整个经济结构的引领、辐射、带动作用。具体来讲，把握好三个问题。

一是定好位。统筹考虑国家建设制造强国、北京疏解非首都功能，把握好国家"做强制造"和北京"去生产制造环节"的辩证统一关系，聚焦"产品创造"环节，着力解决制造业的自主创新能力问题，切实担负起北京作为全国科技创新中心的使命。

二是顺大势。国内外产业发展格局正在发生重大调整，新一代信息技术与制造业深度融合。我们要抓住历史机遇，主动"瘦身健体"，转换产业发展动力，实现"在北京制造"到"由北京创造"的转变。

三是重开放。在创新全球化时期，"由北京创造"不等于所有的创造活动都在北京开展。我们要紧紧围绕产业链，布局创新链，开展广泛的国内外合作，特别是在京津冀范围内，深度开展区域合作，打造协同创新共同体。

三、发展高精尖产业的战略取向

按照新时期国家及北京市宏观部署要求，紧紧围绕加快经济发展方式转变的核心主线，以中关村国家自主创新示范区为核心载体，大力发展战略性新兴产业，加快构建符合首都功能定位的现代产业体系；深入优化产业发展环境，创新体制机制，破解发展制约，加快新技术、新模式在工业领域的转化和应用步伐，大幅提高工业的发展质量和效益，加快形成以"高端化、服务化、集聚化、融合化、低碳化"为特征的工业发展新格局，为全国工业转型升级起到引领示范作用。

（一）加快由全面发展向重点突破转变，构筑创新驱动的行业发展格局

坚持有所为、有所不为，改变"大而全"的产业发展思路，主动"瘦身健体"，采取在若干关键领域优先发展、重点突破的方式，取得一批全球原创的科技和经济结合的创新成果，在关键点、制高点形成局部带动全局的领先优势，促进产业结构和产业内环节由中低端向高端的双重升级。

（二）加快从生产制造向产品创造转变，构筑服务引领的新型产业组织

优化企业经营链条，改变传统的以生产功能为核心、以产能规模扩张为目标的增长路径，压减低附加值业务环节、低水平功能配套，着力培育产品设计、产权经营、品牌运营、资源集成等服务化业态，推动生产制造类企业向知识产权创造型、技术创新型、集成服务型企业转型。

（三）加快从链式集聚向生态集群转变，构筑产城融合的资源配置体系

以提高投入产出水平为导向，改变全产业链、全供应链的产业集聚模式，优化区域资源配置机制，构建以企业为枢纽的产业创新链，围绕高端产业领域建设产业生态，促进央源、地源、外源和民源等多主体的协同创新，形成重点产业和辐射产业联动共生的生态耦合型产业集群。

（四）加快从内部扩张向区域协同转变，构筑开放合作的空间支撑体系

围绕京津冀建设协同创新共同体的发展大局，发挥好北京作为产业创新辐射源的作用，树立"由北京创造"不等于"在北京创造"的发展理念，通过产业技术交易、扩大资本运营，优先在京津冀统筹布局生产研发和制造基地，探索构建开放、共享、协作的跨区域创新协作网络，推动京津冀成为全国跨区域产业协作的典范。

四、推动制造业向高精尖转型的主要路径

（一）产业层次

1.推动产业结构优化升级

按照新时期首都强化调整和疏解非核心功能的战略导向，加强对现有工业细分行业、领域及企业的调研研究，制定不宜发展产业的具体标准，编制《北京市不宜发展的产业目录》，确定禁止及限制发展的行业类型以及需要调整疏

解、淘汰退出的细分行业和环节范围，通过控制增量以调整存量的方式，对存量进行淘汰退出、调整疏解，推动工业发展范围由"大而全"向"高精尖"转变。依托首都科技创新资源优势，加快发展与首都资源禀赋和城市功能定位相匹配的战略性新兴产业和产业链高端环节，坚决退出不宜发展的产业存量，高起点构建符合首都经济特征的现代产业体系，推动产业结构进一步优化升级。

2. 大力发展战略性新兴产业

按照《北京关于加快培育和发展战略性新兴产业的实施意见》的部署要求，统筹城市空间战略调整和功能优化配置，全面推进中关村国家自主创新示范区建设，依托中关村优势产业资源，以战略性新兴产业领域的重大项目建设和创新成果产业化为抓手，加快数字电视、移动通信、软件、集成电路、生物医药、新材料、新能源汽车、航空航天、高端装备制造等特色产业基地建设，推动战略性新兴产业发展。围绕战略性新兴产业高端环节和重大需求，以我市承担的核心电子器件、高端通用芯片及基础软件产品等国家科技重大专项为抓手，突破一批战略性新兴产业领域的核心关键技术和前沿技术，为北京产业高端化提供支撑。

3. 加快制造业的服务化进程

适应首都新时期发展要求，积极推动制造业产业链向服务领域延伸，推动科技研发、商务服务等生产性服务业发展。围绕优势产业集群加快构建区域性生产性服务体系，努力实现生产性服务业与工业联动发展新格局。

（二）区域层次

1. 支持产业辐射转移

增强"北京创造"、"北京服务"品牌影响力，加强对产业转移的引导，结合区域资源环境承载能力、发展基础和潜力，鼓励符合产业政策和能够发挥区域优势特色的生产环节和生产能力向全国转移。依托自身创新优势和在全国产业价值链中的分工地位，在具备条件的中、西部产业集聚区，鼓励北京企业以多种形式开展对接活动，探索建立集群式产业转移承接模式。加强北京科技创新资源的输出，加快科研成果的孵化和生产性服务业的发展，为北京地区产业链高端化提供更多产业空间。

2. 构建高精尖产业社区

遵循产城融合发展理念，按照构建分布式、集成式、服务化制造的新业态发展要求，优化现有经济技术开发区以制造为纽带的空间格局，构建培育"四新"企业的新空间。研究制定闲置工业厂房转型发展创客空间的政策与方案，打造一批智能硬件创制空间。支持互联网企业与制造企业对接，打造"互联网+"制造的虚拟产业社区。加快推动开发区向产城融合的新园区升级发展，实现由"产品制造、对外销售"制造型产业重地转向"产品研发、对外授权"的知识型产业高地。探索建立低效产业用地改造的新模式，引导企业将拥有低效产业用地与政府联合开发，将传统产业社区转变为高精尖产业社区，打造一批高精尖创新创业基地。

（三）企业层次

1. 促进生产制造企业延伸高端服务环节

以提升市场竞争力为核心，支持生产制造企业改造现有业务流程，推进业务外包，加快从生产加工环节向自主研发、品牌营销等高端服务环节延伸，增大制造业企业的业务收入中服务所带来的收入比重，降低资源消耗，提高产品的附加值，逐步实现由生产型制造向服务型制造转变。重点延长完善汽车、医药、装备制造等产业生态链，推进北京市电子产品制造业与软件服务、网络服务等生产性服务业的融合，实现服务与制造的良性互动。

2. 推动企业实施综合技术改造

着眼于制造业发展新趋势和首都产业发展新要求，选择重点行业，实施新技术、新工艺、新业态、新模式有机统筹、四位一体的企业技术改造，加快企业转型升级，推动企业技术高精尖。设立企业技术改造基金，研究制定重点产业技术改造投资指南和重点项目导向计划。建立高精尖技术改造评估标准，对在京制造业企业进行综合评估，提出技术改造方案。以机械、航空、汽车、食品、电子等行业为重点，加快推动企业应用新技术、新工艺，分行业类型鼓励企业向平台运营型、生产外包型、母工厂型发展，实现服务化发展。对确需保留的部分生产功能，加快生产设备智能化改造，加大先进节能环保技术、工艺和装备的应用，推行循环集约的清洁生产，推进生产线数字化改造，建设一批自动化车间和智能工厂。

3. 加强对高精尖项目的创新投资

统筹财政资金、社会资金，按照"活用资本"的理念，遵循市场化经营原则，搭建培养高精尖产业的投融资服务体系，强化对重大项目的统筹支持。变"行政化补贴"为"市场化投资"，发挥政府财政资金的引导作用，按照"投入—运营—退出—再投入"的循环机制，设立高精尖产业引导基金，统筹利用中小企业发展基金，加大对高精尖"四新"企业的投资支持。动态发布高精尖投资指导目录，引导天使投资、创业投资(VC)、股权投资(PE)、并购基金等社会资本投向高精尖产业领域。建立企业上市辅导机制，支持企业对接多层次资本市场。健全国有资本有进有退的合理流动机制，依托现有国资平台，支持市属国有企业加快向高精尖转型升级。

塑造跨区域协同开放发展新格局

落实京津冀协同发展战略，发挥三地比较优势，把握北京制造业"做强制造"和"去生产制造环节"的关系，直接定位北京在创业价值链中的位置，突出北京创新优势，实现产业跨区域协作发展。

北京制造业跨区协同发展新特点

以产品创造环节为中心 ➤ 以价值链的高端与创新部分为重点 ➤ 放弃大而全的产业体系进行存量调整 ➤ 创造活动区域拓展实现跨区域协作

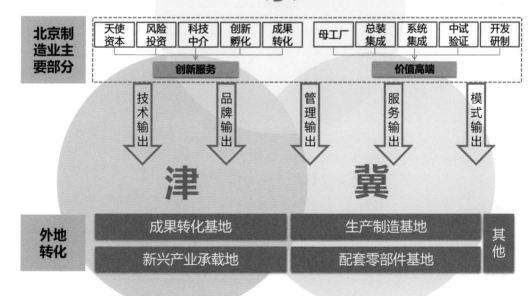

京

北京制造业主要部分

| 天使资本 | 风险投资 | 科技中介 | 创新孵化 | 成果转化 | 母工厂 | 总装集成 | 系统集成 | 中试验证 | 开发研制 |

创新服务　　　　　　　价值高端

技术输出　品牌输出　管理输出　服务输出　模式输出

津　　冀

外地转化

成果转化基地　　　生产制造基地　其他

新兴产业承载地　　配套零部件基地

第四章　塑造跨区域协同开放发展新格局

推动京津冀协同发展是党中央、国务院在新的发展阶段做出的重大战略部署。2014 年，京津冀三地工业增加值 2.4 万亿元，约占全国的 10.6%；工业固定生产投资 1.86 万亿元，约占全国的 6.6%。发挥北京的创新资源优势，突出引领发展和错位发展，推动京津冀三地构建协同创新共同体，优化产业链布局，不仅是疏解北京非首都功能的重要支撑，也是促进区域均衡发展的有效途径。

一、制造业产业布局与城市群建设发展

城市的兴起与发展，与工业化进程、制造业发展密不可分。从国际经验来看，伴随城市规模的扩张，制造业在城市的布局也呈现梯度转移调整的状况，并进而带动城市群形成。北京城市发展到今天，制造业的布局也要与京津冀城市化的大格局结合起来，统筹考虑。

（一）制造业与城市群、城市带建设的国际经验和规律

从国外发展趋势看，随着制造业不断发展与创新，突破行政区划的大都市圈建设日新月异，产业链内部分工日益加强，单个城市单打独斗的经济发展模式难以为继。打破行政区划壁垒，以综合实力较强的大城市为核心，加强分工协作，辐射带动周边区域发展，提升大区域整体竞争力逐渐成为城市发展新路径。

经济全球化进程的加快，地区之间的产业分工格局也在不断发生变化，即由过去的部门间分工和部门内不同产品之间的分工逐步转变为同一产品按照其生产链条的不同环节进行分工。这种新型产业分工格局将对不同地区的经济发

展产生重要而深远的影响。首先，随着企业"总部"与"生产环节"之间的"脑体分离"，一些跨国企业开始在全球范围内建立分包网络，把生产制造环节转移到要素成本较低的区位，公司本部主要控制研发和营销环节；其次，随着要素成本的上涨以及出于提升城市功能和竞争力的需要，纽约、伦敦、巴黎、东京等国际大都市制造业郊区化不断加快，由此在更大范围内形成一种城市中心区重点发展总部、研发、营销以及部分高新技术产业和现代高效都市产业，而在近远郊及周边地区重点建设高新技术产业化基地、现代制造业基地和现代都市产业基地的新型产业分工格局。在全球范围形成的代表性都市圈有大伦敦、大巴黎、大纽约、大东京等。其中，大伦敦包括伦敦城和 32 个自治市（内、外伦敦），大巴黎是由巴黎市及其临近的 7 个省组成的巴黎地区，大纽约是由纽约市和周边 5 县以及东北新泽西、长岛所构成的纽约标准都市统计区（CMSA）。

（二）全国范围内城市间的分工协作日益增强

截至目前，我国已批复《长江三角洲地区区域规划》、《珠江三角洲地区改革发展规划纲要 (2008-2020 年)》等区域性规划，在全国范围形成长三角、珠三角、京津冀、成渝、关中—天水、长株潭、北部湾等若干经济区。以行政范围为界的诸侯经济发展模式逐步被打破，跨区域产业分工协作逐步加强，以核心城市为依托，辐射带动周边区域发展，提升区域整体竞争力的发展格局逐步形成。

以长三角为例：长三角地区包括上海市、江苏省和浙江省，规划面积 21.07 平方公里。按照优化开发区域的总体要求，统筹区域发展空间布局，形成了以上海为中心，沿沪宁和沪杭甬线、沿江、沿湾、沿海等为发展带的"一核九带"空间格局。2012 年长三角地区 GDP 总量逼近 9 万亿元，达 89951 亿元，占全国 GDP 总量的比重为 17.3%，规模以上工业总产值 17.35 万亿元，增长 6.9%；16 市中有 7 个城市工业经济总量超过万亿元，其中 2 个城市在 2 万亿元以上，总量前 5 位的城市依次为：上海（31548.41 亿元）、苏州（28783.65

亿元）、无锡（14499.66亿元）、杭州（12884.26亿元）和宁波（11962.12亿元）。在加强区域产业合作方面，长三角各省市多措并举，一是共同举办长三角产业转移暨合作共建园区对接洽谈会，组织长三角地区有关政府部门、开发园区、重点企业参会对接洽谈，推动区域相关产业有序转移。二是共同组建长三角产业转移合作信息平台，通过招标方式委托专业机构负责平台的建设和维护，加快实现区域内产业转移与承接信息的共建共享。三是开展长三角产业转移专题研究，共同拟订促进区域产业有序转移的政策措施。随着城市间的分工协作，长三角都市圈经济规模不断扩大，市场配置资源的作用充分发挥，产业转移和承接机制日趋健全，实现了区域间的良好合作发展。

从中可见，区域间合作对产业经济发展起到了巨大的推动作用。京津冀的协同发展，是解决北京当前城市发展问题和增强京津冀都市圈整体实力的必然选择。经过60多年的发展，特别是改革开放三十多年以来的快速发展，北京人均GDP已经超过1万美元，成为京津冀都市圈的中心。北京下一步的发展，必须纳入京津冀经济区的战略空间加以考量。

二、京津冀工业发展现状分析

（一）三地工业总体现状

从三地指标数据情况看，北京已进入后工业化初级阶段，天津处于工业化阶段后期，河北处于工业化中期。2014年，北京人均GDP达到1.60万美元，一产比重不足1%，三产接近78%，城镇化率为86.4%。天津人均GDP虽高于北京，城镇化率为78.28%，但三产比重仅为49.3%，与二产持平。河北人均GDP为0.64万美元，城镇化率仅为46.51%，一产占比11%以上，二产比重远远高于三产比重。2014年京津冀三地产业结构情况，见表4-1。

表 4-1 2014 年京津冀三地产业结构情况

省市		第一产业	第二产业	其中工业	第三产业	人均 GDP（万美元）
北京	增加值（亿元）	159	4545.5	3746.8	16626.3	1.60
	比重（%）	0.70%	21.30%	17.60%	77.90%	
天津	增加值（亿元）	201.53	7765.91	7083.39	7755.03	1.67
	比重（%）	1.30%	49.40%	45.10%	49.30%	
河北	增加值（亿元）	3447.5	15020.2	13330.7	10953.5	0.64
	比重（%）	11.70%	51.10%	45.30%	37.20%	
京津冀	增加值（亿元）	3808.03	27331.61	24160.89	35334.83	0.97
	比重（%）	5.70%	41.10%	36.30%	53.20%	
全国	增加值（亿元）	58332	271392	227991	306739	0.75
	比重（%）	9.20%	42.60%	35.80%	48.20%	

从三地工业规模比较看，河北工业增加值最高，工业固定资产投资增速最快。河北的工业增加值约为北京的 3.56 倍，天津的 1.88 倍。北京市工业增加值和固定资产投资值均处于最后，固定资产增速甚至出现负增长。2014 年京津冀主要工业指标，见表 4-2。

表 4-2 2014 年京津冀主要工业指标

地区	增加值			主营业务收入		固定资产投资		
	总量（亿元）	比重	增速	总量（万亿元）	比重	总量（亿元）	比重	增速
北京	3746.8	15.5%	6.0%	1.94	20.6%	711.8	3.8%	−4.8%
天津	7083.39	29.3%	10.0%	2.83	30.0%	4813.56	25.8%	15.2%
河北	13330.7	55.2%	5.0%	4.65	49.4%	13114.1	70.4%	18.8%
京津冀	24160.89	100.0%		9.42	100.0%	18639.46	100.0%	

从产业结构看，按采矿业、公用事业和制造业划分进行比较，三地工业发展都以制造业为主。其中，天津市和河北省制造业比重较大，占到83%以上，而北京制造占比较少，仅为71.5%。2014年京津冀工业结构指标对比，见表4-3。

表4-3　2014年京津冀工业结构指标对比

地区	工业主营业务收入	采矿业		电力、热力、燃气、水的生产和供应业		制造业	
		主营业务收入（亿元）	占比	主营业务收入（亿元）	占比	主营业务收入（亿元）	占比
北京	19439.6	1102.2	5.7%	4440.8	22.8%	13896.6	71.5%
天津	28276	3130.5	11.1%	951.4	3.4%	24194.1	85.6%
河北	46532.2	4557.2	9.8%	3099.2	6.7%	38875.8	83.5%

2014年，京津冀规模以上工业企业主营业务收入达到9.4万亿元，占全国总量的8.6%。规模以上工业企业利税总额占主营业务收入比重为10.05%，低于全国10.33%的平均水平。三地中，北京和天津工业发展效率较好，规模以上工业企业利税率超过全国平均水平。北京工业发展效率最好，规模以上工业企业利税率为12.04%，超过全国平均水平1.71个百分点。河北省工业发展效率较差，低于全国平均水平。2014年京津冀工业效率指标对比，见表4-4。

表4-4　2014年京津冀工业效率指标对比

地区	规模以上工业企业主营业务收入（亿元）	规模以上工业利润（亿元）	规模以上工业税收（亿元）	利税占主营业务收入比重
北京	19439.57	1493.19	847.66	12.04%
天津	28275.94	2042.77	1125.83	11.21%
河北	46532.22	2421.69	1540.84	8.52%
京津冀	94247.73	5957.65	3514.33	10.05%

（二）重点产业比较分析

北京规模最大的制造业为汽车产业及电子信息制造业，与天津、河北相比，规模优势明显。2014年北京汽车产业主营业务收入为3663.69亿元，占北京市制造业总量的26.4%。与河北、天津比较，北京汽车产业规模是天津的2倍，是河北的1.85倍。其次为电子信息制造业，北京电子信息制造业主营业务收入为3126.91亿元，占北京市制造业总量的22.5%。与河北、天津比较，北京电子信息制造业规模与天津相当，是河北的6倍。

天津规模最大的制造业为基础产业。2014年天津基础产业主营业务收入为10454.2亿元，占天津市制造业总量的43.2%。与北京、河北比较，天津基础产业规模是北京的4.6倍，是河北的约1/2。天津基础产业主要分布在钢铁行业，约占基础产业的1/2。

河北规模最大的制造业为基础产业，其次为都市产业。与北京、天津相比处于绝对优势。2014年河北基础产业主营业务收入为20436.45亿元，占河北制造业总量的52.6%。与北京、天津比较，河北基础产业规模是北京的8.9倍，是天津的约2倍。河北基础产业主要分布在钢铁行业，约占基础产业的55%。2014年河北都市产业主营业务收入为9986.76亿元，占河北制造业总量的25.7%。与北京、天津比较，河北都市产业规模是北京的5.2倍，是天津的2.2倍。河北都市产业主要分布在农副食品加工业、纺织业、皮革毛皮羽毛及其制品、橡胶和塑料制品业，约占都市产业的63%。2014年京津冀三地制造业主营业务收入情况，见表4-5。

表 4-5　2014 年京津冀三地制造业主营业务收入情况

产业类别	北京		天津		河北	
	总量（亿元）	占比	总量（亿元）	占比	总量（亿元）	占比
基础产业	2293.98	16.5%	10454.20	43.2%	20436.45	52.6%
都市产业	1924.83	13.9%	4565.44	18.9%	9986.76	25.7%
医药产业	657.82	4.7%	636.69	2.6%	873.78	2.2%
装备产业	2229.34	16.0%	3783.84	15.6%	5084.95	13.1%
汽车产业	3663.69	26.4%	1825.20	7.5%	1976.71	5.1%
电子信息产业	3126.91	22.5%	2928.71	12.1%	517.16	1.3%
总量	13896.58	100.0%	24194.09	100.0%	38875.80	100.0%

综合比较京津冀三地的产业发展阶段、产业结构特征和资源禀赋条件，北京形成了以汽车制造业和电子信息为主导的具有高技术特征的产业结构，而天津和河北主要是以基础产业和都市产业为主导的具有资源要素密集型特征的产业结构。在今后的发展中，应注重京津冀产业发展差距加大与产业对接困难、产业联动动力不足的问题，避免产生恶性竞争与重复建设，特别要强调北京同天津、河北的错位发展，突出北京的创新优势。

三、北京制造业调整与京津冀产业协同发展

（一）新时期北京"去制造化"的发展理念

在京津冀协同发展的大背景下，北京制造产业发展调整的一个重要方向是培育强化企业研发功能，将一些生产制造环节向天津河北地区疏解，加大对一般性制造业和高端制造业中比较优势不突出的生产加工环节的禁限力度。

北京进行非首都功能的疏解，一部分的制造业转移到京津冀更大的范围内发展，疏解的是制造环节。"去制造化"不等于"去制造业"。制造业有它特定的产业内涵，不是制造一个环节，而是完整的价值链。北京作为科技创新中

心，它的比较优势是研发能力，但从我国包括京津冀整体发展来讲，它要作为一个创新的经济增长体，就需要创新成果的实体化，需要创新成果的少量高端制造。

（二）北京制造业在京津冀协同发展中的定位

在国家加强建设制造强国和北京加快疏解非首都功能的双重背景下，《行动纲要》立足国家"做强制造"战略和北京"去生产制造环节"的辩证统一关系，基于首都经济要"去制造化"而不是"去制造业"这一认识，体现北京在全球和国家发展大局中发挥创新驱动、辐射引领功能的差异化定位、错位化发展思路。

环节错位：北京在制造强国建设布局中的重心不是制造环节，而是"产品创造"环节。

业态错位：北京主攻方向不是一般产业，而是制造业价值链的高端和创新部分。

功能差异：加快放弃大而全的产业体系，改变过去发展层次不够高、布局比较散的状况，有利功能疏解。

空间差异："北京创造"不等于创造活动全部在北京实现，而是跨区域协同发展。

（三）京津冀制造业发展模式（见图4-1）

《京津冀协同发展规划纲要》更加强调北京、天津、河北三地定位差异化、产业一体化发展，构建新的京津冀制造业发展格局，把加强产业跨区域协作发展作为核心支撑。

依据北京市"全国政治中心、文化中心、国际交往中心、科技创新中心"的全新定位与"去制造化"的发展理念，须将不必在北京发展的制造环节疏解到津冀地区，促进天津市"全国先进制造研发基地"和河北省"产业转型升级试验区"的建设。依托北京市科技研发优势，在风险投资、科技中介、创新孵

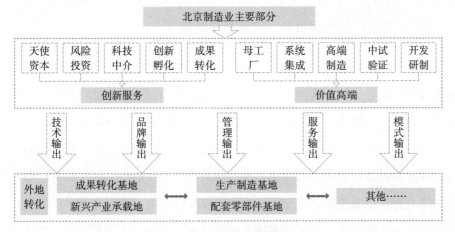

图 4-1　京津冀制造业发展模式

化、成果转化等领域，面向津冀地区开展创新服务，促进北京制造业先进技术、品牌、管理、服务、模式等向津冀地区输出，三地合作建设科技成果转化基地、生产制造基地、新兴产业承载基地、配套零部件基地等，拓展北京制造业发展空间，形成京津冀协同发展的新格局。

四、推动京津冀协同发展策略

（一）发挥三地比较优势，实现产业协调发展

实现京津冀三地产业协同发展，应立足三地产业基础和优势，既要做好产业间协同分工，也要做好产业链条互补互促。一是北京应发挥自身科技资源优势，加强技术输出，辐射周边区域；天津应紧紧围绕全国先进制造研发基地等功能定位，充分发挥制造业基础优势，提升现代制造业和重化工业的发展水平。河北可以利用自身土地、资源、交通优势，实现传统产业的转型升级，同时加快培育战略性新兴产业，与北京积极对接，建设成为产业转型升级试验区、京津冀生态环境支撑区域等。二是围绕产业价值链分工，在京津冀区域范围内进行资源配置，深化京津冀三地企业间上下游合作，形成错位竞争、链式发展的整体态势。

（二）建设区域协调机制，实现合作共赢

健全组织管理，三地应加强互动，联合协调三地产业协同发展规划的实施，坚持"市场主导、政府推动"，充分发挥各主体的能动性，加强各主体之间的密切配合，实行政策一体化，实现三地产业协同发展，尽量避免出现产业同质化造成的无序竞争，形成区域协同发展的高效机制、长效机制、互利机制。充分发挥北京创新资源密集的优势，通过与天津、河北的产业合作协调机制和利益共享机制，打通产业疏解通道，增强产业疏解能力。北京重点发展研发、中试等产业链高端环节，向津、冀输出先进技术、品牌、管理和服务。加快实施一批跨区域重大项目，促进北京产业在京津冀大区域构建完整的产业链体系，实现产业集聚化发展。

（三）创新流动机制，鼓励资源要素流动

根据合作发展需要，在企业转移、人才流动等方面大胆创新，破除传统制度限制，引导各类资源要素在三地合理流动，推动区域协同发展。完善三地人才在企业、高等院校、科研院所之间的流动机制；优化科技合作与技术转移的统一政策机制环境，完善科技资源开放共享制度等，努力探索突破要素瓶颈、制度约束，打造三地互联互通的要素输送体系；充分利用北京的创新资源，尤其是中关村智力资源富集、市场容量大、国际交流频繁等创新要素，促进津冀地区产业升级；支持天津、河北与北京进行资源要素对接，促进人流、物流、资金流、信息流快速集聚，形成创新要素资源的协同与呼应。

实现"由北京创造"发展新愿景

《行动纲要》提出以推动"在北京制造"向"由北京创造"转型为主线，全面实施"三四五八"行动计划，使北京真正成为京津冀协同发展的增长引擎，引领中国制造由大变强的先行区域和制造业创新发展的战略高地。

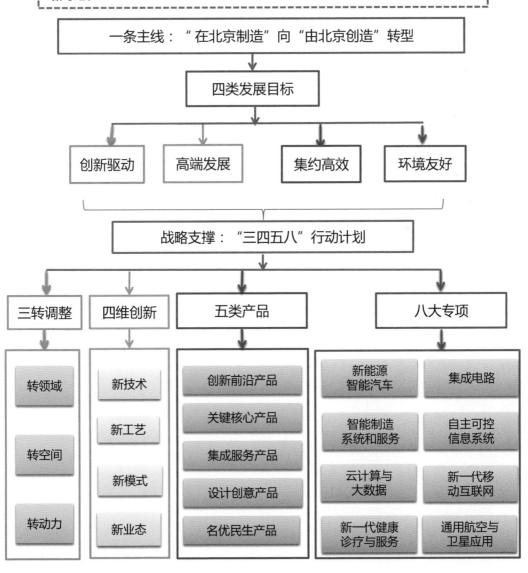

一条主线："在北京制造"向"由北京创造"转型

四类发展目标

创新驱动　　高端发展　　集约高效　　环境友好

战略支撑："三四五八"行动计划

三转调整
- 转领域
- 转空间
- 转动力

四维创新
- 新技术
- 新工艺
- 新模式
- 新业态

五类产品
- 创新前沿产品
- 关键核心产品
- 集成服务产品
- 设计创意产品
- 名优民生产品

八大专项
- 新能源智能汽车
- 集成电路
- 智能制造系统和服务
- 自主可控信息系统
- 云计算与大数据
- 新一代移动互联网
- 新一代健康诊疗与服务
- 通用航空与卫星应用

第五章 实现"由北京创造"发展新愿景

制造业是国民经济的主体,是立国之本,兴国之器,强国之基。《行动纲要》统筹考虑国家战略部署要求和战略调整的内在需求,提出以推动"在北京制造"向"由北京创造"转型为主线,全面实施"三四五八"行动计划,努力促进制造业创新发展,使本市真正成为京津冀协同发展的增长引擎、引领中国制造由大变强的先行区域和制造业创新发展的战略高地。

一、"由北京创造"的内涵解析

《行动纲要》提出的"由北京创造",不同于传统"在北京制造"的概念,摒弃了传统打造完整产业体系、布局全产业链的发展思路,基于首都经济要"去制造化"而不是"去制造业"这一认识,重新定位了北京在产业价值链中的位置,"由北京创造"具有其特定的历史内涵。

(一)"由北京创造"内涵释义

当前的北京,正处于深入落实新时期首都城市战略定位、加快推动京津冀协同发展的关键阶段,也是加快构建"高精尖"经济结构、落实制造强国战略的重要时期,北京工业发展面临着严控新增、转移淘汰现有中低端产业,引领中国制造业创新发展的双重压力。着眼城市发展新形势、新定位,立足区域人口资源环境承载红线,立足区域的制造业发展优势,北京亟须寻求工业可持续发展的新方向、新角色、新路径。

一是发展主线需要从"增量扩张"为主向"存量挖潜"转变,未来需向质量提升要发展。从北京工业的发展历史来看,虽然自20世纪80年代开始,工业即根据首都城市定位的转变主动开展结构调整，促进产业转型提升，但"增量扩张"仍然是发展的主基调。从当前的情况来看，工业发展已经触及生态、资源、环境的天花板，未来产业发展面临土地、水资源、排放指标等多方面的制约，传统以增量扩张为主的发展已经难以为继，发展主线需由增量扩张为主转向存量挖潜，通过传统产业腾退改造、转型提升推动工业向前发展。

二是结构调整需要从"行业调整"向"环节调整"转变，未来需通过模式创新求转变。从北京工业的发展历史来看，全市一直重视结构调整工作，工业领域已经淘汰退出了一大批以电镀、水泥等行业为代表的"高能耗、高水耗、高污染"型行业，目前形成的以电子信息、汽车制造等现代制造业为主体的产业结构已经相对比较优化，"三高"型行业在产业内部所占的比例已经非常低。未来，按照习总书记的要求，北京要构建"高精尖"的经济结构，深入推进产业结构优化调整工作，对工业而言调整的方向需要从"行业调整"向"环节调整"转变，聚焦重点产业链的研发设计等前沿环节，通过服务集成等模式创新提升产业发展层级，推动产业内部结构深入调整。

三是产业功能需要从"经济支柱"向"服务支撑"转变，未来需通过"服务"功能强化求突破。从北京工业的发展历程看，新中国成立后，北京被定位为生产性城市，当时工业是全市国民经济的主导产业；此后首都功能定位调整，工业在国民经济中的占比不断下降，在全市的定位逐渐转变为重要支柱产业，工业通过自身的稳定增长，为全市GDP、税收做出重要贡献。当前北京整体发展已经进入到后工业化阶段，按照国际大都市的发展经验，未来生产性服务业将占据产业发展主导位置，工业的占比可能进一步下降，经济功能会进一步弱化，在全市的定位会进一步向支撑"科技创新"中心建设、保障城市运行等"服务功能"转移。

四是发展模式需要从"自我发展"为主向"区域协同"转变，未来需通过区域协作要空间。从目前北京的实际情况看，主要开发区用地使用大都接近饱和，未来大幅增加工业用地的可能性微乎其微，自我扩张发展难以持续。而从外部形势要求看，"京津冀协同发展"是国家应对经济新常态，培育新经济增长点而明确的重大战略部署，在2015年北京市政府工作报告中也将其列为重点工作。按照京津冀协同发展的要求，未来北京工业要在津冀地区乃至更大范围内构筑产业链，建立新型的产业分工格局，通过区域协作拓展发展空间，提高发展效益。

因此，突破传统的各地区按产业门类全面发展、相互竞争的发展思路，紧紧围绕科技创新中心这个功能定位，基于首都经济要"去制造化"，而不是要"去制造业"这一认识，瞄准制造业产业价值链中的"创造"环节，瞄准"高精尖"方向，提出从"在北京制造"到"由北京创造"转变的发展主线，推动制造业的转型发展、创新发展，实现产业的轻盈腾飞和全面升级。

"由北京创造"的核心宗旨是：坚持以有序疏解北京非首都功能为战略核心，坚持以有机促进人口资源环境相协调为主线，突出"产品创造"这一核心环节，以产品设计、产权经营、品牌运营、集成服务等为主要业态，统筹推动产业结构升级（高端产业）和产业内升级（产业链高端环节）的双重升级，建设"高、新、轻、智、特"的新产业体系，变在北京全链条布局为跨区域协同布局，变1－N规模拓展为0－1价值拓展，变追求全领域为抓住关键点，变注重产业链延伸为注重生态圈打造，在人口资源环境承载能力约束要求下，构建新的增长机制。

"由北京创造"的根本特征是：紧紧围绕文化中心、科技创新中心定位，坚持以创意为引领、以科技为支撑的双轮驱动战略，研发创制能够改变世界、能够引领和改善我们的生产生活方式的革命性产品。在创新全球化时代，"由北京创造"不等同于"在北京创造"，不是追求产品创造的所有活动和主体都在北京，而是倡导构建一个开放、共享、协作的跨区域协同的产业链、创新链，北京要更加重视和强化全球创新链的核心环节，充分整合和利用全球创新资源，实现原始创新和集成创新并重发展。

（二）"在北京制造"和"由北京创造"对比（见表5-1）

具体而言"在北京制造"与"由北京创造"有以下不同点：

"在北京制造"，是指生产基地主要布局在北京，总资产以固定资产为主且趋于重资产化，以成熟技术为主，引进技术比重较高，产业链条长，形成复杂生产分工体系，产学研合作相对松散，主要是满足显性市场、现实需求。

"由北京创造"，是指生产基地在外埠或委托生产，总资产中无形资产比重高，以轻资产推动大经营，以融合性技术和原创性技术为主，产业链短，聚焦关键环节和高端环节，产学研形成紧密耦合的创新链，主要是开辟引领新的需求。

表 5-1 "在北京制造"与"由北京创造"对比

在北京制造	由北京创造
制造环节主要布局在北京	制造环节在外埠或委托生产
大规模制造、重资产化	品牌、知识产权等无形资产占比高
以产品收入为主	制造服务收入比重提高
引进技术比重较高	以原始创新和集成创新为主
产业链条全、附加值低	聚焦产业链的关键环节和价值链的高端环节
企业内部创新	开放创新、协同创新
与周边城市产业同构性强、市场竞争激烈	新市场需求、新商业模式、新组织方式
追求 1—N 的规模拓展	追求 0－1 的原创引领

二、《行动纲要》的战略内容

《行动纲要》统筹考虑了全市非首都功能疏解、高精尖经济结构构建、京津冀协同发展的部署要求，立足工业转型提升需要，按照分类引导的思路，提出实施"三四五八"行动计划，推动北京制造业向高精尖产业转型。

（一）"三四五八"行动计划内容

实现《行动纲要》的核心是实施"三四五八"行动计划，具体内容是指：

"三"是指三转调整。通过"关停淘汰一批、转移疏解一批、改造升级一批",进行分类引导,推动存量产业"转领域、转空间、转动力",再造产业发展新势能。

"四"是指四维创新。把技术创新、组织创新、管理创新、标准创制和商业模式创新贯穿于企业发展的全过程,强化以新技术、新工艺、新模式、新业态为主要内容的"四位一体"全面创新。

"五"是指发展五类高精尖产品。选择适于北京研发、市场潜力大的优势领域,重点发展代表产业制高点的创新前沿产品、突破国内产业短板满足国家战略需求的关键核心产品、代表制造业服务化的集成服务产品、推动产业轻资产化的设计创意产品、保障基础民生需求做强北京"老字号"品牌的名优民生产品,构建"高、新、轻、智、特"产品体系,培育新的增长点。

"八"是指实施八个新产业生态专项。围绕《中国制造2025》十大重点方向,立足首都的功能定位和产业基础,选取关系制造业未来发展主导权的八个重点领域,按照"实施一个专项,打造一个生态,主导一个产业"的要求,构建新型产业生态系统,推动产业开放式对接、跨领域融合、高端化发展。

(二)"三四五八"内在关系与实施

"三四五八"战略是立足北京工业未来需要"盘活存量、优化增量"的实际需求而提出的,其中"三转调整"的关停、转移、升级,解决了存量产业、企业的存留、取舍调整问题。"四维创新"的新技术、新工艺、新模式、新业态,解决了盘活存量、做精增量的发展道路问题,从根本上转变发展方式。"五类高精尖产品"重点解决创新创造的领域、方向问题,起到对市场主体发展高精尖产业的引导作用。"八个专项"主要是针对现阶段市场力量难以自发整合资源,但需要迅速突破的重点领域,提出由政府加强统筹、引导多个市场主体开展协同创新行动。

为保障《行动纲要》更好地落地实施,对接《中国制造2025》的重大工程,文件提出了实施绿色制造技术改造、新一代创新载体建设、京津冀联网智能制造示范、生产性服务业公共平台建设、高精尖产品培育和品牌建设等5大具体行动；下一步，还将发布制造业转移疏解指导目录、技术改造指导目录、高精尖产品目录和项目优选线标准、八个新产业生态建设专项方案等配套指导文件或方案。其中绿色制造技术改造行动、制造业转移疏解指导目录、技术改造指导目录为落实"三维调整"提供了支撑；新一代创新载体建设行动、京津冀联网智能制造示范行动、生产性服务业公共平台建设行动是为"四维创新"的具体落实提供支撑；高精尖产品培育和品牌建设行动、高精尖产品目录和项目优选线标准是为"五类产品"的具体落实提供支撑；八个新产业生态建设专项方案是为"八个专项"的具体落实提供支撑。

三、《行动纲要》的主要目标

围绕"北京创造"的发展愿景，《行动纲要》综合考虑了国内外的宏观形势要求和北京工业发展的现实基础条件，根据"立足首都城市战略定位、立足区域产业分工要求、瞄准全球制造业创新制高点、全面落实创新驱动发展战略、完成从'在北京制造'到'由北京创造'的转变"的发展愿景和总体战略，提出了包含创新驱动、高端发展、集约高效、环境友好四个类别的9个发展目标。

（一）指标选取原则

《行动纲要》指标体系的设立，综合考虑了以下因素：一是反映首都产业发展远期愿景。指标的选取，既要能够结合当前国家战略和首都功能定位，又要借鉴参考国外的评价指标，形成与国际之间具有可比性的指标体系。二是体现首都功能定位下高精尖发展特征。指标的选取，既要能够紧扣首都功能新定位的发展脉络，又要反映创新驱动、高端发展、集约高效和环境友好等高精尖产业的根本特征。三是指标数据具有可获得和可比较性。指标的设立考虑了历史数据的可获得和可量化性，如高技术制造业占制造业比重、产业增加值率、全员劳动生产率、总资产贡献率以及专利、能耗等指标，能够实现与历史数据的对比及与国外发展情况的比较。四是系统性和全面性相结合。指标的设立既要能够满足系统评价高精尖产业发展的需要，同时还要体现北京工业当前发展情况、国际竞争力、发展潜力等各方面的综合实力，体现系统性和全面性的良好结合。

（二）主要发展指标说明

《行动纲要》提出 4 项一级指标、9 项二级指标。一级指标包括创新驱动、高端发展、集约高效和环境友好，从创新、高端、集约和环境等四个维度进行测算。二级指标分别包括企业万人有效专利拥有数、规模以上制造业研发经费内部支出占主营业务收入比重、高技术制造业占制造业比重等指标。

1. 创新引领指标

创新引领指标主要包括企业万人有效专利拥有数、规模以上制造业研发经费内部支出占主营业务收入比重两个指标：

一是企业万人有效专利拥有数。有效发明专利指经国家知识产权局授权并维持有效的发明专利。企业万人有效专利拥有数是反映企业（或产业）拥有自主知识产权技术的核心指标，衡量了企业（或产业）拥有自主知识产权的科技和设计成果情况。该指标值越高，越能体现企业的自主创新能力。因此选取作为创新驱动的一项计算指标。

该指标计算公式为：

$$企业万人有效专利拥有数 = \frac{企业有效发明专利数（件）}{年末总人口（万人）}$$

据统计，北京制造业每万人发明专利拥有量 2012 年为 122.5 件、2013 年为 149 件、2014 年 169.3 件。

综合考虑北京高精尖经济结构、北京工业企业引导倾向，参照世界发达国家年均 2.5% 的增速、北京市专利申请增速等数据综合考虑，分别按 4.5% 和 2.5% 左右增速计算 2020 年和 2025 年指标分别达到 220 件、240 件。

二是规模以上制造业研发经费内部支出占主营业务收入比重。研发费用的内部支出对于制造业通过创新引领发展具有直接作用。衡量这一作用的直接数值即为制造业研发经费内部支出占主营业务收入的比重大小。

该指标计算公式为：

$$\text{制造业研发经费内部支出}\atop\text{占主营业务收入比重} = \frac{\text{制造业研发经费内部支出总额}}{\text{主营业务收入总额}} \times 100\%$$

《中国制造 2025》提出，为与国际具有可比性，该指标的预测使用 OECD 统计数据。未来十年，以 OECD 统计的 1999-2012 年我国制造业研发投入强度年均增速 5.9% 进行测算，2020 年和 2025 年指标将分别达到 1.26% 和 1.68%。我国制造业研发投入强度趋势，见图 5-1。

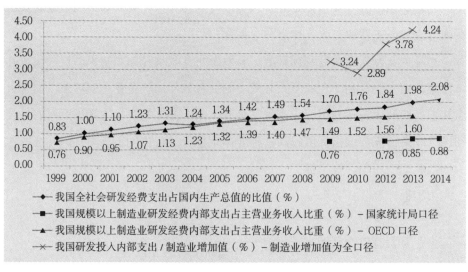

图 5-1　我国制造业研发投入强度趋势图

从北京市具体情况看，2012-2014 年北京市规模以上制造业研发经费内部支出占主营业务收入比重分别为 1.56%、1.53%、1.58%。

未来十年，参照 OECD 统计的 1999-2012 年我国制造业研发投入强度年均增速 5.9%，考虑北京实际情况和技术研发因素综合预测，测算 2020 年、2025 年该值分别为 2%、3%。

2.高端发展指标

高端发展指标主要包括高技术制造业占制造业比重、制造业增加值率两个指标。

一是高技术制造业占制造业比重。高技术制造业代表着先进制造的方向，因此可以用高技术制造业占制造业的比重这一规模类指标来衡量北京制造业的高端引领程度。

该指标计算公式为：

$$\text{高技术制造业占制造业的比重} = \frac{\text{报告期高技术制造业增加值}}{\text{报告期制造业增加值}} \times 100\%$$

据统计，2012-2014 年北京高技术制造业占制造业比重分别为 25.6%、25.9%、27.9%。另外，《北京技术创新行动计划（2014-2017 年）》提出高技术产业、信息服务业和科技服务业增加值占地区生产总值比重达到 34%。

综合以上资料，考虑北京高精尖经济结构发展因素，参照德国机械设备制造业联合会（VDMA）预估 2015 年产出增长 2% 等国际指标，提出北京 2020 年、2025 年该指标分别为 30%、35%。

二是高技术制造业增加值率。指报告期制造业增加值占制造业总产值的比重，反映企业（或产业）降低中间消耗的经济效益及投入产出的效果。一般而言，制造业增加值率越高，制造业的附加值越高，盈利水平越高，投入产出效果越好。

该指标计算公式为：

$$\text{高技术制造业增加值率} = \frac{\text{报告期现价高技术制造业增加值}}{\text{报告期现价高技术制造业总产值}} \times 100\%$$

《中国制造 2025》指出：受世界金融及经济危机影响，我国制造业增加值率 2008-2011 年下降速度较快，近两年来开始止跌回稳。从 2012 年情况看，发达国家一般在 35% 以上，美国、德国、日本甚至超过 45%，我国仅为其一半左右。未来十年，我国制造业结构调整和产业升级步伐加快，重化工业和加工贸易比重降低，制造业将逐步向价值链高端提升，预计"十三五"期间制造业增加值率将走出低谷期，2020 年比 2015 年提高 2 个百分点，到 2025 年恢复到金融危机前水平，比 2015 年提高 4 个百分点。各国制造业增加值率变化趋势（2000-2012），见图 5-2。

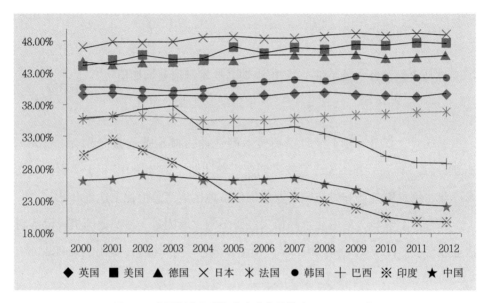

图 5-2　各国制造业增加值率变化趋势（2000-2012）

综合来看，目前该指标在欧美等发达国家为 40% 左右，中国工业增加值率为 26.5%、增速 7% 左右。

据统计，北京高技术制造业 2012-2014 年该值分别为 19.7%、20.9%、20.3%。

考虑北京四个中心定位、参照发达国家增速和制造业增长规律，综合提出 2020 年、2025 年该指标分别为 30%、35%。

3. 集约高效指标

集约高效指标包括全员劳动生产率和总资产贡献率两个指标。

一是全员劳动生产率。指根据产品的价值量指标计算的平均每一个职工在单位时间内创造的工业生产最终成果。该指标是考核企业（或产业）经济活动的重要指标，是企业（或产业）生产技术水平、经济管理水平、职工技术熟练程度和劳动积极性的综合表现。

该指标计算公式为：

$$制造业全员劳动生产率（万元/人）=\frac{制造业增加值（万元）}{从业人员平均人数（人）}$$

《中国制造2025》指出：我国制造业全员劳动生产率与发达国家存在较大差距，但增速远远高于仅为0.5%-2%的美、日、德等发达经济体。未来十年，随着我国工业经济进入新常态，制造业增加值增速将逐步放缓，而制造业就业人口规模将相对稳定并突出结构优化，制造业全员劳动生产率与制造业增加值变化正相关并略高于后者增长速度。预计"十三五"和"十四五"期间，制造业全员劳动生产率年均增速分别为7.5%和6.5%左右。各国制造业全员劳动生产率对比（1998-2012），见图5-3。

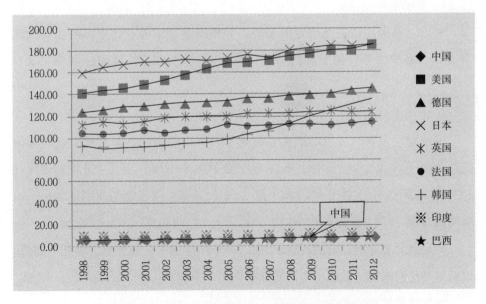

图 5-3 各国制造业全员劳动生产率对比（1998-2012）

（单位：万元/人，人民币）

目前美国工业劳动生产率折合人民币大约为52万元／人.年，我国工业全员劳动生产率为25万元／人.年，2012-2014年北京市制造业全员劳动生产率分别为20.8万元／人、25.3万元／人、25.9万元／人。

按照北京市减员增效、瘦体健身等要求，参考发达国家增速和我国今后十年发展态势，计算2020年、2025年该指标分别为38万元／人、40万元／人。

二是总资产贡献率。是反映企业全部资产的获利能力、评价和考核企业盈利能力的核心指标。该指标集中体现了经营单位的经营业绩和管理水平。

该指标的计算公式为：

$$总资产贡献率 = \frac{利润总额 + 税金总额 + 利息支出}{平均资产总额} \times 100\%$$

其中：税金总额为产品销售税金及附加与应交增值税之和；平均资产总额为期初期末资产总计的算术平均值。

2012-2014年北京市规模以上工业企业总资产贡献率分别为10.3%、10.5%、10.3%。

考虑北京市高精尖结构发展态势，并根据北京服务业比重不断提升和北京工业"提质增效"的发展趋势，计算2020年、2025年该值分别为12%、15%。

4. 环境友好指标

围绕绿色发展，《行动纲要》确定了3项定量指标，即万元工业增加值能耗2020年和2025年分别比2015年下降15%和20%；万元工业增加值水耗2020年和2025年分别比2015年下降20%和30%；每公顷工业用地实现工业增加值2020年和2025年分别达到3000万元／公顷和5000万元／公顷。

一是万元工业增加值能耗。指每生产一个单位的工业增加值所消耗的能源。该指标是逆向指标，数值越小表明能源使用效率越高。

该指标的计算公式为：

$$万元增加值能耗（吨标准煤 / 万元）=\frac{工业能源消耗量（吨标准煤）}{工业增加值（万元）}$$

2012–2014 年北京万元工业增加值能耗分别下降 8.4%、8.3%、10.9%。

根据《北京市"十二五"时期绿色北京发展建设规划》，"十二五"期间万元工业增加值能耗 5 年下降 22%，据此推算每年下降 4.4 个百分点。

参考上述数据，并结合北京实际情况，测算 2020 年、2025 年北京万元工业增加值能耗分别比 2015 年下降 15% 和 20%。

二是万元工业增加值水耗。指每生产一个单位的工业增加值所消耗的水资源量，属于逆向指标。数值越小表明用水越少，水资源利用效率越高。

该指标计算公式为：

$$万元增加值水耗（立方米 / 万元）=\frac{水资源消耗量（立方米）}{工业增加值（万元）}$$

目前万元工业增加值水耗国际水平为 40 立方米 / 万元，北京市 2012 年水耗下降 0.4%，2013 年上升 0.3%。参照上述情况，为进一步节水增效，测算 2020 年、2025 年北京万元工业增加值水耗分别比 2015 年下降 20% 和 30%。

三是每公顷工业用地实现工业增加值。指每生产一个单位的工业增加值所消耗的土地资源量，反映企业生产经营用地利用效率。反之，每一个单位土地所产出的增加值则反映了土地的产出效率。指标值越高，表明企业（或产业）的单位生产经营用地的产出水平越高。

该指标计算公式为：

$$\begin{matrix}每公顷工业用地实现工业增加值\\（万元 / 公顷）\end{matrix}=\frac{工业增加值（万元）}{生产经营用地面积（公顷）}$$

北京市每公顷工业用地实现工业增加值 2013 年、2014 年分别为 1683 万元／公顷、1853 万元／公顷，考虑北京市规上工业实际发展情况，按年均 200 左右比例递增并考虑产业发展规律因素，测算 2020 年、2025 年该值分别为 3000 万元／公顷、5000 万元／公顷。

（三）《行动纲要》与《中国制造 2025》的指标对比

《行动纲要》具体发展指标，既是对《中国制造 2025》发展指标的落实和推进，同时又是基于北京市实际而形成的创新和发展。《行动纲要》与《中国制造 2025》指标对比，见表 5-2。

表 5-2 《行动纲要》与《中国制造 2025》指标对比表

《中国制造 2025》指标类别		《行动纲要》指标类别	
创新能力	1. 规模以上制造业研发经费内部支出占主营业务收入比重 2. 规模以上制造业每亿元主营业务收入有效发明专利数	创新驱动	1. 规模以上制造业研发经费内部支出占主营业务收入比重 2. 企业万人有效专利拥有数
质量效益	1. 制造业质量竞争力指数 2. 制造业增加值率 3. 制造业全员劳动生产率增速	高端发展	1. 高技术制造业占制造业比重 2. 高技术制造业增加值率
两化融合	1. 宽带普及率 2. 数字化研发设计工具普及率 3. 关键工序数控化率	集约高效	1. 全员劳动生产率 2. 总资产贡献率
绿色发展	1. 规模以上单位工业增加值能耗下降幅度 2. 单位工业增加值二氧化碳排放量下降幅度 3. 单位工业增加值用水量下降幅度 4. 工业固体废物综合利用率	环境友好	1. 万元工业增加值能耗（吨标准煤／万元） 2. 万元工业增加值水耗（立方米／万元） 3. 每公顷工业用地实现工业增加值（万元／公顷）

《行动纲要》与《中国制造 2025》的指标，相比之下有 6 个指标相同（见上表中划线部分的文字），也有 6 个指标不同。

一是六个相同，《中国制造 2025》、《行动纲要》成分指标总数分别为 12 项和 9 项。其中规模以上制造业研发经费内部支出占主营业务收入比重、规模以上制造业每亿元主营业务收入有效发明专利数、产业增加值率、制造业全员劳动生产率、规模以上单位工业增加值能耗、单位工业增加值用水量六个指标两者都有涉及，因此《行动纲要》较好地落实了《中国制造 2025》的发展目标，但目标值高出全国平均水平。

二是六个不同，与《中国制造 2025》的指标相比，立足北京的实际情况，进行了"三多三少"的调整。首先是"三多"，增加了高技术制造业占制造业比重、总资产贡献率、每公顷工业用地实现工业增加值三项指标，体现了北京强调高端发展、集约高效的指导思想。其次是"三少"，减少了宽带普及率、数字化研发设计工具普及率、关键工序数控化率等"两化融合"的指标。目前，北京市两化融合水平高于全国平均水平，在全国排名在第一梯队，仅次于江苏和上海。2015 年 8 月北京宽带普及率已达到 94.3%，远高于中国制造 2025 年的目标值 12.3 个百分点。

《行动纲要》所强调的四维九项发展指标，具有显著的北京特点：

一是注重北京制造业的服务化、高端化的发展规律。通过"全员劳动生产率"等指标倒逼引导企业进行瘦身健体，提高投入产出效率。

二是凸显高精尖的发展定位。通过"企业万人有效专利拥有数"、"研发经费内部支出占主营业务收入比重"等指标，引导企业聚焦重点领域，加大创新投入，在关键领域取得一批创新成果。

三是突出优化布局、辐射全球的发展政策和提升路径。通过"高技术制造业占制造业比重"等指标引导产业结构调整，提升产业发展质量。

四是强调民生优先、关键核心等首都的服务保障功能。通过"万元工业增加值能耗"等指标，引导工业走资源集约、环境友好的绿色发展道路，切实支撑北京建设成国际一流的和谐宜居之都。

综合来看,《行动纲要》指标,着眼于政治中心、文化中心、科技创新中心和国际交往中心等北京城市功能定位和京津冀协同发展大局,明确了"高精尖"的发展方向和发展目标,凸显了北京制造业转型升级的发展愿景。对于顺利推进从"生产制造"到"产品创造"、实现"在北京制造"到"由北京创造"的战略转型具有导向意义。

加快推动北京制造转型新调整

在全市加快疏解非首都功能、构建高精尖经济结构、推动京津冀协同发展的综合要求下，北京工业进行结构调整的任务非常突出和迫切，亟须通过落后产能的就地淘汰、存量企业的有序转移和优势企业的改造升级，转换产业发展的领域、空间和动力，释放产业发展新活力。

解决存量产业、企业的存留、取舍调整问题

转领域

就地淘汰落后产能，转换产业发展领域

转空间

有序转移存量企业，转换产业发展空间

转动力

改造升级优势企业，转换产业发展动力

落实举措

完善相关行业标准

制定产业引导目录

实施技术改造行动

加强区域对接合作

落实配套支撑政策

第六章　加快推动北京制造转型新调整

在全市加快疏解非首都功能、构建高精尖经济结构、推动京津冀协同发展的综合要求下，北京工业进行结构调整的任务非常突出和迫切，亟须通过落后产能的就地淘汰、存量企业的有序转移和优势企业的改造升级，转换产业发展的领域、空间和动力，释放产业发展新活力。

一、加快结构调整是北京工业发展的必然选择

经过多年发展，北京市已经成为现代化国际大都市，经济社会发展活力、综合竞争力、国际影响力持续增强。但在长期快速发展中，也积累形成了比较明显的"城市病"，对传统产业发展提出转型升级要求，加快结构调整成为北京工业发展的必然选择。

一是从京津冀协同发展的要求来看。2015 年 4 月，中央政治局会议审议通过《京津冀协同发展规划纲要》。按照京津冀协同发展要求，未来北京要以疏解非首都功能，解决"大城市病"为基本出发点，严格控制增量，有序疏解存量。通过有序疏解非首都功能，着力调整、优化经济结构和空间结构，推进产业升级转移，走出一条内涵式集约发展的新路子。其中在有序疏解非首都功能方面，要统筹好"搬哪些、往哪搬、谁来搬、怎么搬"的问题，确保非首都功能转得出、稳得住、能发展。落实国家的政策部署需要加快工业的结构调整。

二是从北京工业发展的实际情况来看。经过多年的培育发展，北京工业已经达到千亿级的产业规模，发展水平在全国各省份中居于前列，但北京仍面临工业结构偏重、布局不合理等问题。目前北京轻重工业占比分别为 21.2% 和

79.8%，重工业的比例长期偏高，高技术制造业在全市工业增加值中的占比不足 30%；城市中心工业区在全市中的占比仍然较大；行业内还存在一定规模具有聚人多、占地多、"四高"（高能耗、高污染、高排放和高水耗）特点的产业。同时，全市还存在一定量的镇村产业基地，需要深入挖潜改造，提高发展层次。据统计，目前全市国家级开发区单位土地收入为 17526 万元 / 公顷；市级开发区单位土地收入为 7129 万元 / 公顷；而开发区外散布的乡镇工业用地（工业大院居多）地均产出仅为 1900 万元 / 公顷，镇村产业基地的地均产出与市级、国家级开发区差距较大，亟须调整和优化。2010-2014 年北京市高技术制造业占工业总产值的比重变化及 2014 年北京市重点区域工业增加值在全市的占比，见图 6-1、图 6-2。

图 6-1　2010-2014 年北京市高技术制造业占工业总产值的比重变化

区域	工业增加值	占全市比重	较"十一五"末
城六区	1168.8	31.2%	持平
其中：东西城	262	7%	持平
城市发展新区	2017	53.8%	增加 4.7 个百分点
生态涵养区	332	8.9%	增加 0.9 个百分点

图 6-2　2014 年北京市重点区域工业增加值在全市的占比

二、加快结构调整的核心内容是转动力

人口、资源、环境是北京产业发展的硬约束，尤其是当前北京城市建设发展已经触及生态、资源、环境的天花板，对未来产业发展造成空间、资源、排放等多方面的制约，亟须转变发展方式，由过去依靠基础资源要素、简单劳动投入、产能规模扩张的粗放式发展模式向依靠智力投入、依靠创新驱动的集约型发展模式转变。

着眼于制造业发展新趋势和首都产业发展新要求，《行动纲要》提出要积极对接国家"绿色制造工程"，对于现有符合首都功能定位的产业，可以通过技术改造、产业融合等方式加快产业提升。制定重点产业技术改造投资指南和重点项目导向计划，围绕优势行业、高端产品、关键环节，组织企业进行机器换人、能效提升、清洁生产、节水治污、循环利用等专项技术改造，改变资源利用方式，提高资源配置效率。对现有产业集聚区，要按照绿色、低碳、循环的要求进行改造提升，提高土地集约利用效率和绿色发展水平，强化产品设计、产权经营、品牌运营、资源集成等功能配套，使市区两级开发区达到新型工业化示范基地的建设标准，构建园区创新生态系统，促进企业共生发展。

改造升级优势企业

- 对接国家"绿色制造工程"，实施绿色制造技术改造行动；

- 制定重点产业技术改造投资指南和重点项目导向计划；

- 加快组织实施一批机器换人、能效提升、清洁生产、节水治污、循环利用等专项技术改造项目；

- 改变资源利用方式，提高资源配置效率。

转换产业发展动力

改造提升制造业集聚区

- 按照新型工业化要求，改造提升现有制造业集聚区；

- 改变以生产为中心、以产能扩张为导向的集聚方式；

- 强化产品设计、产权经营、品牌运营、资源集成等功能配套，构建园区创新生态系统；

- 引导企业增强品牌意识，制定品牌管理体系。

三、加快结构调整的基础支撑是转空间

产业的落地需要空间的支撑，未来北京新增产业的落地不是要带来工业用地的增加，而是要按照疏解非首都核心功能的要求，结合京津冀协同发展规划内容，通过转型升级、产业对接合作、共建合作示范园区等一系列手段，"腾笼换鸟"提供发展空间。

未来存量企业的有序转移主要体现在两个角度。一是由工业园区外分散布局转向工业园区内集中布局。2014 年，北京市级及以上工业开发区实现总产值 10841.7 亿元，占全市工业总产值的 58.8%，开发区以较少的用地贡献了大部分的工业产出，产出效益相对较高。针对这种情况，未来要积极引导推动全市可继续保留的高端制造业转移到产业开发区中，整合工业用地，以中关村国家自主创新示范区"一区十六园"和国家级、市级产业开发区为主体，统筹打造产业创新发展新格局，同时在提高土地的使用效率、环境保护水平的同时，也确保为企业提供更加优质的服务。二是对于在京不具有比较优势的一般制造业和部分高端制造业制造环节，应结合京津冀协同规划的相关内容，积极与津冀进行产业合作对接，有序推进北京不具备比较优势的制造企业转移到津冀地区布局，通过津冀合作共建一批产业转移示范园区的方式，落实产业发展空间，腾出空间资源承载新增产业项目的落地。在具体的载体建设上，北京市未来将以北京（曹妃甸）现代产业发展试验区等合作园区为重点，落实产业项目，使其成为京津冀产业协同创新发展率先突破的示范区。

四、加快结构调整的重要任务是转领域

可持续发展、绿色发展是世界未来制造业发展的趋势，《中国制造2025》也将"绿色制造工程"作为重点实施的五大工程之一，部署全面推行绿色制造，努力构建高效、清洁、低碳、循环的绿色制造体系。

"十二五"以来，北京市大力推进工业领域"三高"企业退出、压减燃煤等相关工作，取得显著成效。首钢、北新建材等一批高耗能企业整体搬迁转

移，一批高耗能、高污染行业逐步调整退出。在经济发展新常态下，伴随土地、水等资源约束日益趋紧，北京应继续通过制订淘汰退出目录、完善淘汰退出机制、强化淘汰退出手段等系统化措施，淘汰一批不符合北京产业发展定位、资源占用大产出少的落后产能，对镇村产业聚集区采取综合手段进行治理，淘汰退出小散乱的企业。同时针对城市中心区产业疏解的实际需求，要引导市属国企在疏解非首都功能中发挥示范带头作用，盘活市属国有工业企业低效用地，将腾退的空间转换配置高精尖产业领域的新兴企业和重点项目。同时紧抓制造业服务化的发展趋势，着力推动二、三产业融合，积极培育面向制造业的信息技术服务，大力发展消耗低、聚人少的生产性服务业，构建高精尖产业新体系。北京市制造业转领域的重点方向，见表6-1。

表 6-1　北京市制造业转领域的重点方向

产业名称	重点方向
都市产业	水产品加工业中的其他水产品加工；棉纺织及印染精加工中的棉纺纱加工、棉织造加工、棉印染精加工；木材加工领域的锯材加工；人造板制造领域的纤维板制造、其他人造板制造；装订及印刷服务领域的装订及印刷相关服务等
基础产业	农药制造中的生物化学农药及微生物农药制造；炸药及火工产品制造；水泥制造；石灰和石膏制造；黏土砖瓦及建筑砌块制造；建筑用石加工；金属结构制造；金属压力容器制造；金属包装容器制造等
装备产业	金属密封件制造；紧固件制造；其他未列名运输设备制造；电线、电缆制造；光纤、光缆制造；鬃毛加工、制刷及清扫工具制造等

五、落实"三转"调整的举措

围绕"转领域、转空间、转动力"的不同内容和要求，我们将通过以下措施予以推进。

（一）完善相关行业标准

将强化标准制定作为推动存量产业转型升级的重要抓手，结合都市、基础、医药等行业的发展实际和质量状况，开展标准研究和创制，跟踪、收集、研究、推广国内外先进技术标准和污染物排放标准，加快建立适应产业发展需要的技术标准体系，为严格行业管理奠定基础。围绕标准体系的落实，加快针对重点产业、重点领域、重点产品的检验检测平台建设，强化对先进标准研究、评价、实施的技术支撑。加强经信与环保、质监等部门的统筹合作，加快建立以标准提升产业、淘汰落后产能和落后企业的良好机制，营造公平自由竞争的市场环境，建立优质优价的市场运行机制。

（二）制定产业引导目录

一是制定《北京市制造业转移疏解行业指导目录》（以下简称《疏解目录》）。在综合分析全市工业细分行业能耗、水耗、用工、生产经营用地、研发投入、技术水平等指标的基础上形成该指导性目录，并根据实际情况进行动态更新。《疏解目录》用于引导全市制造业存量企业的疏解转移工作，鼓励引导纳入《疏解目录》的制造业企业逐步疏解转移到京津冀合作园区。

二是制定《技术改造指导目录》。根据全市制造业发展的实际情况，围绕智能化改造、节能降耗、降污减排、质量提升、服务型制造5个重点方向，制定《技术改造指导目录》，用于引导北京制造业存量企业的改造升级。在智能化改造方向，重点推进新型传感器、工业机器人、快速成型等设备和智能控制、工厂自动化整合物流系统等智能管控系统在生产制造企业的推广应用。在节能降耗方向，重点推进能源管控中心改造建设，开展燃煤锅炉改造、绿色照明系统改造等节能改造。在降污减排方向，重点推动生产制造企业开展以加快源头减量、减排以及过程控制为目标的绿色智能装备升级改造，引导生产制造企业开展水循环利用、脱硫除尘、VOC处理等设施的升级改造。在质量提升方向，重点推动在线检测、在线控制、产品全生命周期管理、质量追溯等先进技术在重点行业的推广应用。在服务型制造方向，引导传统生产制造企业延伸服务链条，发展个性化定制服务、全生命周期管理等服务环节。

（三）实施技术改造行动

着眼制造业发展新趋势和产业发展的新要求，对接国家"绿色制造工程"，围绕智能制造、绿色制造等方面展开改造升级行动。重点鼓励装备制造、汽车等行业加大先进节能环保技术、工艺和装备的应用，推行循环集约的清洁生产，努力在2015-2017年间，围绕绿色制造，实施重点技术改造项目200项，重点企业和开发区率先达到国家绿色示范工厂和绿色示范园区要求。

（四）加强区域对接合作

依托政府、协会等机构力量，以为企业发展营造良好配套环境为基本要求，与津冀加强沟通协商，确保从北京转移出的企业能够在津冀顺利发展。支持有实力的园区主体与周边地区开展合作，按照不降低环保准入门槛、不降低园区建设标准、不降低园区服务质量等原则共建园区，为园区产业有序转移、强化区域产业联系创造条件。支持协会、产业联盟等社会组织搭建跨区域的功能疏解服务平台，加强对企业的信息指导，为有序疏解创造各种便利条件。

（五）落实配套支撑政策

围绕"三转"调整的主要内容，在土地、人才、资金等方面研究配套支持政策。加快完善引导污染行业转移搬迁的促退政策，联合环保等部门建立水、电、气惩罚性的阶梯价格机制，对污染企业执行新的排污收费标准，按基准价格3-5倍征收，推高污染企业生产经营和环保治理成本。完善支持和激励疏解政策，对主动退出的污染企业，按照退出后的节能量和污染减排量进行奖励；加大财政资金支持力度，建立多元化投融资渠道，支持企业转型调整。加强与津冀两地的发展对接，研究制定引导工业企业、人才跨区域流动的相关支撑政策，为企业跨区域转移提供政策保障。

系统激发北京产业发展新动能

以系统提升产业创新能力为目标，加快推动以"新技术、新工艺、新模式、新业态"为主要内容的"四位一体"全面创新，从根本上改变制造业发展路径，为北京制造业提升发展提供新动能。

- **加强技术创新系统建设**
- **提升产业创新能力**
- **培育创新型企业和公司**

新一代信息技术
先进材料
生命科学

"互联网+"协同制造
分布式制造
生产外包

新工艺

新技术

新模式

新业态

智能制造
增材制造
绿色制造

服务化制造
定制化制造
平台化经营

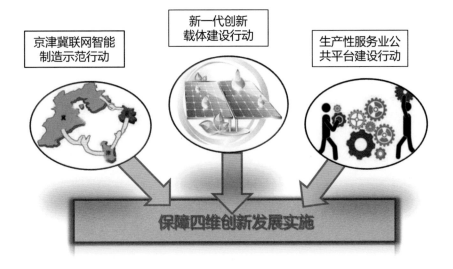

京津冀联网智能制造示范行动

新一代创新载体建设行动

生产性服务业公共平台建设行动

保障四维创新发展实施

第七章　系统激发北京产业发展新动能

立足北京产业实际，要从根本上改变其传统的以外延式扩张路径为主的发展模式，形成依靠知识创新、技术创新、管理创新的新经济增长机制，必须以系统提升产业创新能力为目标，加快推动以"新技术、新工艺、新模式、新业态"为主要内容的"四位一体"全面创新，从根本上改变制造业发展路径，为北京制造业创新发展注入新动能。

一、创新对制造业发展具有重要作用

（一）创新是世界推进产业发展的重要动力

人类历史上三次重大产业革命均是由重大科技革命引发的。18 世纪中后期，以蒸汽机应用为标志的第一次技术革命带来了世界上第一次的产业革命；19 世纪中后期以电力技术为标志的第二次技术革命带动了电气汽车等产业的发展，催生了第二次产业革命；20 世纪中后期，计算机信息网络的出现带来了第三次的技术革命，开启了第三次产业革命，持续推动产业向前发展提升。

（二）创新是影响全球竞争格局的核心关键

当今世界，产业竞争的关键是科技的竞争。美国、德国等制造业强国因为在重大科技、工艺、模式等领域领先世界，持续引领着全球制造业发展布局。根据统计数据，2014 年全球科技研发投入较为靠前的前十名公司，美国拥有 5 个，这五家公司研发总投入超过了 440 亿美元，且研发领域均集中于电子信息、生物医药等尖端领域。正是因为美国有科技优势，才能够牢牢控制着飞机、汽车、计算机、移动通信设备、半导体等产业的核心环节，在全球产业链分工中获取了产业链中利润最为丰厚的回报。全球研发投入前十位的企业，见表7-1。

表7-1　全球研发投入前十位的企业

公司名称	研发投入（亿美金）	占营业收入比例（%）	领域	公司名称	研发投入（亿美金）	占营业收入比例（%）	领域
大众汽车	135	5.2	汽车制造	诺华制药	99	16.8	生物医药
三星电子	134	6.4	电子通信	丰田汽车	91	3.5	汽车制造
英特尔	106	20.1	信息技术	强生	82	11.5	生物医药
微软	104	13.4	信息技术	谷歌	80	13.2	信息技术
瑞士罗氏	100	19.0	生物医药	默克集团	75	16	生物医药

（三）创新是破解北京制造业困境的唯一出路

从国家层面看我国制造业发展面临着严重的产能过剩问题，亟须转型提升，而实现转型提升的关键是创新。从北京的实际情况看，未来产业发展面临空间、水资源、排放指标限制等多方面的制约，传统以增量扩张为主的产业发展模式难以为继，突破传统发展瓶颈，创新是唯一出路。同时，北京市还肩负着构建全国"科技创新中心"的重要使命，需要发挥制造业技术创新的前端引导作用，引导带动三次产业的全面创新，为全市创新中心的建设提供支撑。而实现制造业的创新不仅要在原始性基础研究领域取得突破，保证基础性、系统性、前沿性技术研究和技术研发持续推进，同时还要从应用层面推进创新的实施，强化以新技术、新工艺、新模式、新业态为主要内容的"四位一体"全面创新。

二、新技术是推动制造业发展的灵魂

当前，机器人、人工智能、3D打印和新型材料等新技术正在引发一场新的工业革命，不仅将改变制造商品的方式，并将改变全球制造业的格局。麦肯锡认为移动互联网、工业自动化、物联网、云计算、先进机器人、自动汽车、下一代基因组、储能、3D 打印、先进材料、先进的油气勘探开采、可再生能源等 12 个颠覆性的技术将成为影响将来经济社会发展的核心技术。按照麦肯锡的估算，到 2025 年，这些技术每一个对全球经济的价值贡献均将超过 1 万亿美元。汤森路透预测基因组、人类基因工程、药物开发、DNA 图谱、信息、太阳能收集和存储及转换、新一代农业生产、电动空中运输工具、纤维素衍生包装、量子隐形传态 / 传送（量子通信基础）等将成为 2025 年十大革新技术。

通过加强新技术的研发与应用,可以大力增强制造业重点领域的创新能力。这里所说的新技术不是简单的产品技术或实验室技术，而是指可实际推广、替代传统应用和形成市场力量的新技术，如 3D 打印、物联网、云计算、储能、页岩气、机器人、M2M、高温超导材料、有机发光二极管 OLED、智能驾驶、可穿戴设备等。结合制造业发展的趋势和制造业各领域、各环节的技术需求，《行动纲要》筛选出将来影响北京制造业的三大核心技术，即新一代信息技术、先进材料技术和基因技术。通过新一代信息技术的开发和应用可实现信息与物理的融合，以智能产品带动产品附加值提升，延伸产品价值。通过广泛应用石墨烯、纳米等新型材料，赋予产品新的属性和价值，提升产品的性能和质量。通过基因诊疗、快速疾病诊断等先进技术的应用，可满足精准医疗的需求，推动产品更新换代。

在加强新技术研发应用过程中，可通过三个方面的工作促进新技术产业化发展。一是明确重点发展的技术门类，分领域统筹制定产业技术创新路线图，统筹布局一批新技术研发应用项目；二是强化企业主体技术研发能力，建立制造业创新中心，推动技术开发中心升级，建设一批技术创新示范企业等；三是强化围绕技术研发的公共服务，建设新型产业技术研究院，组建产业创新联盟，为新技术开发应用提供技术研发、检验检测、技术评价、技术交易、质量认证等公共技术服务。技术创新的重点方向，见表 7-2。

表 7-2　技术创新的重点方向

创新方向	重点领域	主要内容	重点方向	目标
新技术	新一代信息技术	通过新一代信息技术的开发和应用，实现信息与物理的融合，以智能产品带动产品附加值提升，延伸产品价值	汽车、消费电子、装备、医疗器械等行业的产品进行技术改造	完成主导产品向高端化、服务化、智能化的升级
	先进材料	通过广泛应用纳米等新型材料，赋予产品新的属性和价值，提升产品的性能和质量	对储能装置、医疗设备、关键零部件等产品技术改造	实现主导产品的环境友好、高质高端升级
	生命科学	通过基因诊疗技术、快速疾病诊断等先进技术的应用，满足精准医疗的需求，提升产品代级	对生物制药、医疗设备等产品技术改造	实现主导产品的升级换代

三、新工艺是推动制造业发展的突破口

先进的生产工艺是制造业产品高质量、高标准、高竞争力的基础保证，利用新技术改造传统设备和生产工艺是提高制造业国际竞争力的根本途径。制造业企业要想在激烈的市场竞争中迅速占领市场，提高企业经济效益，增强制造业企业自主创新能力，必须进行工艺创新。制造业工艺创新多指一个新的或显著改进了的生产工艺在商品化的生产中得到应用，或对新的或重大改进的生产方式的采用，并会引起设备、生产组织变化等系列变化。制造业领域的工艺创新分为三种类型：即源于企业发展战略的工艺预创新，源于产品创新的工艺实时创新，源于规模经济的工艺后创新。不同的工艺创新模式适用于不同的企业，其创新效果也不尽相同。

20 世纪 90 年代飞速发展的信息技术给工业企业带来了生产方式、组织形式的深刻变革，信息技术与传统制造技术相结合带动了企业设计、生产、经营管理的自动化和数字化，促进了制造业资源在全球范围内的流动和优化配置，工艺创新也趋于向智能化工艺改造、绿色工艺再制造和增材式制造工艺创新发展。智能化工艺主要是以加快新一代信息技术与制造业深度融合为主线，推广

面向产品全生命周期的信息感知、优化决策、执行控制的制造体系。绿色工艺主要是通过研发和推广应用节能环保工艺和装备,构建高效、清洁、低碳和循环的绿色制造体系。增材制造工艺主要是推广成熟的增材制造工艺,扩大增材制造的应用范围,从而增强产品的竞争力。

在加大新工艺开发推广中,重点强调几个方面:一是联合建设一批关键共性基础工艺研究机构,加强工艺创新的研发队伍建设。二是面向传统制造业绿色化、智能化的升级改造需求,开展工艺技术转移和对外辐射服务。三是强化设计对创新的支撑作用,整合工业、文化、科技等领域优势设计资源,打造"北京设计"品牌。工艺创新的重点方向,见表7-3。

表 7-3　工艺创新的重点方向

创新方向	具体领域	主要内容	行动重点	升级目标
新工艺	智能制造	以加快新一代信息技术与制造业深度融合为主线,推广面向产品全生命周期的信息感知、优化决策、执行控制的制造体系	以电子信息、汽车、装备、制药、新材料等行业为重点,改造传统生产线,建设智能示范工厂	基本实现数字化生产,部分领先企业实现智能制造
	绿色制造	通过研发和推广应用节能环保工艺和装备,构建高效、清洁、低碳和循环的绿色制造体系	以石化、汽车、电子信息、食品饮料等行业为重点,实施生态化设计和技术改造	实现全市制造业的绿色节能达标和全面清洁生产
	增材制造	推广成熟的增材制造工艺,扩大增材制造的应用范围,增强产品的竞争力	创意产品、关键装备部件、医疗器械等领域全面应用增材制造	成为增材制造技术应用和研制中心

四、新模式是推动制造业发展的载体

21世纪以来,以计算机网络技术为代表的信息技术获得了空前的发展,尤其给制造业发展模式带来了更多的挑战,传统的制造思想已经不再能满足现代"动态多变"市场需求。近年来，随着云计算、互联网等技术的快速发展，敏捷制造、网络化制造和面向服务的制造、云制造、分布式制造等一系列先进的制造模式应运而生。

在制造业模式多变的大背景下，北京应该更关注的是如何利用好新的制造模式优化配置相关资源，打破原先垂直分布的产业链及价值链，实现资源的重新高效组合，以带动和促进整个区域、整个国家制造业发展模式的转变和升级。基于此，从生产技术资源配置方式、生产组织资源配置方式和生产空间资源配置方式三个维度突出了"互联网+"协同制造模式、生产外包模式和分布式制造模式。其中"互联网+"协同制造重点以建设集产品设计、产品管理和供应链于一体的云平台为中心，推广网络化协同制造和服务型制造。生产外包主要是推动企业转型产品设计和品牌销售，强化供应链管理，生产制造环节全部委托代工企业生产。分布式制造主要是推动以3D打印和大数据为基础的制造模式革新，建设众包平台，推广分布式网络制造系统。

在利用新模式优化配置资源中，着重强调了在京津冀协同发展的大背景下，强化京津冀整个区域的跨区域生产网络建设，以在更大范围内促进资源优化配置。具体包括四个方面：一是对接国家"智能制造工程"，实施京津冀联网智能制造示范行动，建设一批智能化、生态化的示范工艺线或示范工厂；二是针对制造业的行业领域特征或优势环节，分类推动制造企业向云制造、分布式制造、生产外包、个性化定制等方向转型发展。三是支持有条件的企业建设众创、众包设计平台，推行模块化设计，开发一批拥有自主知识产权的关键设计工具软件，完善创新设计生态系统；四是依托北京的优势资源，融入全球制造业创新网络，配置全球的制造资源。模式创新的重点方向，见表7-4。

表7-4　模式创新的重点方向

创新方向	具体领域	主要内容	行动重点	升级目标
新模式	"互联网+"协同制造	以建设集产品设计、产品管理和供应链于一体的云平台为中心，推广网络化协同制造和服务型制造	在智能硬件、汽车、医疗器械等产业，建设一批网络协同制造公共服务平台，推动母子工厂建设	形成一批云制造示范，形成基于消费导向的逆向组织模式
	生产外包	推动企业转型产品设计和品牌销售，强化供应链管理，生产制造环节全部委托代工企业生产	在电子信息、自动化装备、都市工业等领域，推动企业优化业务布局和组织转型	基本完成劳动密集型、依靠人工的组装生产线外迁转移
	分布式制造	推动以3D打印和大数据为基础的制造模式革新，建设众包平台，推广分布式网络制造系统	在智能硬件、都市工业等领域，组织建设社区化工坊、微工厂，建立新型生产消费关系	形成一批分布式制造示范典型示范

五、新业态激发制造业再造重生

随着互联网在制造业各领域深入渗透，以互联网为基础的新业态密集涌现。如在移动通信、卫星定位等技术发展之后，汽车服务带动出导航、车载信息、车联网等新增值服务；移动互联网领域随着移动终端的普及推出位置服务应用；社会经济领域海量数据挖掘分析形成大数据应用服务；互联网企业介入银行核心业务形成互联网金融等。

结合北京构建高精尖结构和制造业发展的趋势，应以服务化制造、平台化经营和个性化服务三种业态转型发展为突破，实现新业态的开发培育。服务化制造主要是大力发展研发、设计等生产性服务业，拓展产品收入模型，形成以增值服务为主营收入的经营模式。平台化运营是把硬件产品作为核心，搭建服务平台，形成产业生态圈，提升服务运营能力。个性化服务侧重利用互联网和大数据能力，对设计研发、生产制造和供应链管理等关键环节进行柔性化改造，发展可批量化的定制生产，满足高附加值的个性化需求。

在利用新业态优化组织中，鼓励通过制造企业"裂变"专业优势、延伸产业链条、开展跨界合作等方式，构筑服务型制造经营体系。具体包括三个方面：一是通过推动互联网与制造业的深度融合来培育和壮大新业态；二是大力发展生产性服务业，积极培育面向制造业的信息技术服务；三是重点向市级和重点区县的工业开发区导入一系列新业态。业态创新的重点方向，见表7-5。

表7-5 业态创新的重点方向

创新方向	具体领域	主要内容	重点方向	升级目标
新业态	服务化制造	大力发展研发、设计等生产性服务业，拓展产品收入模型，形成以增值服务为主营收入的经营模式	在汽车、环保装备、工程装备等领域推广服务化模式	主导企业的服务业收入比重超过50%
	平台化经营	以硬件产品为核心，搭建服务平台，形成产业生态圈，建立服务运营能力	推广互联网平台、电子商务平台、移动终端产品、智能硬件产品等多种模式	形成10个左右全国领先的平台生态圈
	个性化定制	利用互联网和大数据能力，对设计研发、生产制造和供应链管理等关键环节进行柔性化改造，发展可批量化的定制生产，满足高附加值的个性化需求	在服装、工艺美术、家居、电子消费品等，推广个性化定制	形成一批定制服务的示范企业

六、推动四维创新发展的落实措施

立足北京产业实际，对接《中国制造2025》的重点工程，我们将陆续通过推动三个方面的行动来实践和推动四维创新，快速培育一批具有国际竞争力的创新型、服务型、品牌型企业和世界级大公司。

（一）新一代创新载体建设行动

面向当前的制造业创新需求，传统的以科技企业孵化器、工程技术中心等为代表的创新载体已经不能满足需要。因此，《行动纲要》为了落实以新技术、新工艺、新模式、新业态为主要内容的"四维创新"战略任务，在对接《中国制造2025》有关提高国家制造业创新能力和制造业创新中心建设工程等内容的基础上，提出要加强新一代创新载体建设，围绕制造业创新发展的关键共性需求，采取政府与社会合作、政产学研用合作、企业协同创新等新机制、新模式，建设一批制造业创新中心。支持企业依托现有技术中心、工程中心和重点实验室，对接中关村科学城、未来科技城、中科院怀柔科教园的科教资源，建设跨学科、集成式的产业技术研究院。鼓励围绕新技术、新产品的产业化应用示范，组建一批产业创新战略联盟。

（二）京津冀联网智能制造示范行动

《中国制造2025》提出，推进两化深度融合是高质量实现工业化和现代化的必然选择，智能制造是实现两化深度融合的切入点和主攻方向。京津冀地区作为国家战略层面部署的区域，网络基础设施比较完善，产业体系相对完整，科技研发优势较为突出，构建智能化的跨区域联网智能制造系统具有优势。因此，《行动纲要》在对接《中国制造2025》推进信息化与工业化深度融合和智能制造工程相关内容的基础上，提出实施京津冀联网智能制造示范行动，未来将围绕以智能工厂为代表的流程制造、以数字化车间为代表的离散制造以及智能产品、智能服务、供应链管理、工业电子商务等开展试点示范。选择京津冀产业链衔接较好的重点产业领域，以行业龙头企业为依托，与产业链上的津冀企业合作，推进企业生产设备的智能化改造，构建智能化的跨区域联网智能制造系统，推广基于工业互联网的网络制造、协同制造、服务制造模式，建设一批智能化车间和智能化企业。

（三）生产性服务业公共平台建设行动

党的十八大报告提出，实施创新驱动战略不仅是指新技术新工艺上的研发应用，还包括技术集成和商业模式的创新发展。在北京加快疏解非首都核心功能的背景下，"生产制造环节"发展将进一步受限，生产性服务业成为工业重要的发展方向。在此背景下，《行动纲要》提出要大力发展生产性服务业，以工业设计、产品检测认证、标准创制和垂直领域电子商务为重点，建设一批生产性服务业公共平台。

培育形成高精尖的产品新供给

鼓励和引导社会投资进入适于北京研发、市场潜力大的优势领域，建设"高、新、轻、智、特"产品体系，创制国内国际领先标准，打造北京创造品牌，创造新的市场消费热点，形成引领未来发展的新经济增长点。

- ◆ **引导社会资本**
- ◆ **探索前沿新品**
- ◆ **开发优势领域**

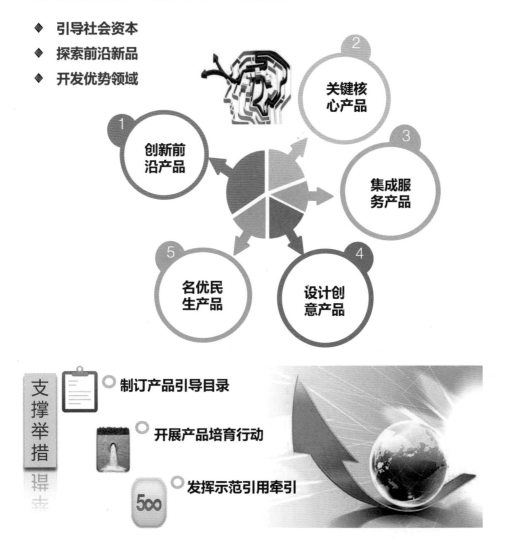

支撑举措

- 制订产品引导目录
- 开展产品培育行动
- 发挥示范引用牵引

第八章　培育形成高精尖的产品新供给

产品创造是链接技术与市场的核心环节，是引导产业向更高层次发展的关键步骤，在促进产业结构调整、科技创新与人民安居乐业等方面具有不可替代的作用，对国民经济和社会发展具有重要的战略意义。《行动纲要》提出，未来北京将加快发展创新前沿、关键核心、集成服务、设计创意、名优民生五大类产品，为高精尖产业体系的构建提供支撑。

一、全面认识产品创造的重要意义

（一）产品创造是避免产业"空心化"的重要支撑

产业空心化是指经济资源和经营要素的流动与社会生产能力发展的不适应，而造成的物质生产与非物质生产比例严重失衡。随着科学技术的进步与全球经济发展，产业空心化已经不再是发达国家特有的问题，不断衰退的实体经济，以及加剧膨胀的虚拟经济导致部分发展中国家也陷入了"产业空心化"的泥沼。究其原因，一方面在于制造业成本优势在不断丧失，另一方面是由于企业相对薄弱的创新能力，拿不出有竞争力的原创产品，无法真正参与到国际高端制造的市场竞争中。提升企业竞争力的核心是产品创造，只有不断加强新技术的研发和产品创新，才能在发达国家高端制造回流与中低收入国家争夺中低端制造转移的"双向挤压"下杀出重围，实现制造业的转型升级和创新发展。

（二）产品创造是推动产业转型升级的关键环节

产业转型升级是应对经济下行压力，适应经济发展新常态的必然选择，其核心关键在于增强产品创造能力。一方面，增强产品创造能力，能够遏制低端制造企业在同一技术水准的投资过度，迫使过多"同质性"竞争集中的企业，改变经济增长对生产要素低成本比较优势的过度依赖，构造由比较优势向竞争优势转换的新动力，走技术创新、集约经营的转型升级之路。另一方面，以产品创造为突破口，可以较早建立与新产品生产相适应的企业核心能力，尤其在产业关键领域和前沿领域掌握具有自主知识产权的核心技术，形成更高层次上的比较竞争优势，引导产业持续向更高层次的形态发展。

（三）产品创造是应对新一轮国际产业竞争的战略选择

我国高技术产业遇到发达国家的强大压力，低端制造业又面临新兴经济体的激烈竞争。随着美欧等推进"再工业化"战略，我国制造业大而不强的问题日渐突显，唯有依靠创新重塑国际竞争新优势，才可能化挑战为机遇。一方面，通过钻研和改造国外先进技术，提升专业知识积累的效率，为突破国外技术壁垒、占据产业链高端提供必要条件。另一方面，以产品创造为突破口，为创建新的竞争标准、自主开辟价值链，甚至重塑产业格局与边界创造了可能，这是摆脱价格战干扰和领先者束缚、获得高收入、加速资本积累的起点。

二、我国高精尖产品发展与发达国家的差距

改革开放以来，我国制造业保持快速发展，但是由于技术基础这一关键因素的缺少与薄弱，导致大多数制造业产品缺乏核心竞争力，特别是创新前沿产品、关键核心产品、集成服务产品、设计创意产品、名优民生产品五类的生产制造，与国际先进水平差距比较明显。

（一）前沿科技成果转化能力不足

以 3D 打印技术为例，美国 3D 打印技术制造的处方药已经进入了市场流通，并且广泛应用于工业设计、艺术创作、珠宝、建筑、服装等多领域。《2015年世界知识产权报告》中提到，我国是在 3D 打印、纳米技术和机器人工程学

3项最尖端前沿技术创新方面唯一向先进工业化国家靠近的新兴市场国家，但是数据显示申请专利主要集中在高校和公共研究机构，企业在前沿科技领域与科研院所、高校合作共同开发的成果很少，更谈不上创新产品的制造和产业化。

（二）关键领域核心技术缺失

在全球范围内，众多领域的核心技术大多数掌握在发达国家手中。以集成电路芯片为例，大到全球定位系统（GPS）芯片、网络路由器芯片、核心中央处理器（CPU）芯片，小到手机基带芯片、摄像机、照相机芯片，无一不是美国垄断的。与国际水平比较，虽然我国在集成电路芯片、高端传感器制造、关键性新材料等方面有良好的发展基础，但是集成电路制造、设计与国际先进水平差1-2代。封测技术有所突破，但存在一定差距；高端芯片的开发处于起步阶段，目前严重依赖进口。我国每年集成电路进口额占全国外贸进口的10%左右，基础软件90%以上依赖国外企业。

（三）集成服务技术水平较低

随着产品更新换代加快、采购市场国际化，产品制造过程要应对快速变化的用户需求。德国《工业4.0》提出，要掌控从消费需求到生产制造的所有过程，建立一个高度灵活的个性化、数字化的高效生产模式。以日本的积水住宅公司为例，从客户体验、个性化设计、提供原创部件材料、导入高科技机器，到长期保修、定期检查维护、翻新改造，都体现了集成建筑服务的最高水准。但是目前我国集成装备制造与国外发达国家还存在一定差距，"制造＋服务集成"融合发展还处于起步阶段。

（四）文化与制造融合发展滞后

随着体验经济的兴起，人们在注重产品本身功能性价值的同时，也更加关注产品的文化价值。一些发达国家已经在制造业领域形成文化创意创新思维的新突破，比如法国的高端服装定制和香水包装工业，德国的高级成衣和手工玻璃，英国的工业设计、数码电视以及音乐工业，都将文化作为提升制造业价值的创新载体。我国历史悠久，文化底蕴深厚，传统工艺美术产品丰富，但是文化与制造业交互融合仍处于初期态势，产业链高端环节价值有待进一步挖掘。

（五）高端民生产品依赖国外进口

发达国家一直很重视保障基础民生需求的产品制造。美国《2016财政年度预算计划》中提到，要建立全国性的综合食品安全系统，开发针对过敏源、致病菌的新型食品检测设备，以及检测食品健康风险的新工具等。韩国发布的《第三期科学技术基本计划（2013-2017）》中也指明食品安全、节能环保、应急救援等领域的技术研发重点。目前我国从事民用应急救援设备产品生产的企业很少，现有的灾害救援移动通信技术产品、消防单兵个人防护和作战装备与国外产品有较大差距；高精尖节能装置、大型环保装备还是以日本、欧美等国外品牌为主，产品创新能力有待进一步增强。

三、高精尖产品的发展方向与重点

《行动纲要》提出，要以自主创新产品开发为核心，鼓励和引导社会投资进入适于北京研发、市场潜力大的优势领域，建设"高、新、轻、智、特"产品体系，创制国内国际领先标准，打造北京创造品牌，创造新的市场消费热点，形成引领未来发展的新经济增长点。重点发展的高精尖产品包括五个方面。

（一）创新前沿产品

根据国际战略性新兴产业的发展趋势，未来北京要发展国际领先的创新性产品，特别是基于工业4.0、信息平台、创客众包等新经济模式的产品，以及能够形成新兴产业的产品族和产品链。聚焦新一代信息技术、智能制造、生命科学、精准医疗、清洁能源等创新前沿领域，关注国际科技创新的前沿技术领域，关注颠覆性新材料对传统材料的影响，率先布局、加快突破，取得一批具有自主知识产权的原始创新成果，发展国际领先的创新性产品。具体如下：

1. 智能硬件

包括智能手机、智能电视等智能化终端产品；可穿戴设备、健康监测设备等联网智能型终端产品；无线互联应用标准和协议、软件赋能的传统硬件产品。

2. 前沿材料

包括超导材料；纳米材料；石墨烯、碳纳米管等碳材料；生物基材料。

3. 机器人

包括应用于汽车、机械、电子、危险品制造、国防军工、化工、轻工等领域的工业机器人、特种机器人；应用于医疗健康、家庭服务、教育娱乐等领域的服务机器人；机器人本体、减速器、伺服电机、控制器、传感器与驱动器等关键零部件及控制系统。

4. 增材制造装备

包括面向航空航天大型金属复杂构件直接制造、医疗器械与健康服务、创意设计等领域的激光、电子束等高能束流直接制造；基于钛合金、高强钢、铝合金、镍合金等材料的加工工艺、制造装备；医用3D打印装备。

5. 新型药物

针对重大疾病的反义核酸药物、RNA干扰药物、适配子药物和新型生物小分子药物；用于紧急预防和治疗感染性疾病的药物；国内市场紧缺的凝血因子Ⅷ、抗巨细胞病毒免疫球蛋白等产品；免疫原性低、稳定性好、靶向性强、长效、生物利用度高的基因工程蛋白质及多肽药物。

6. 北斗导航

包括泛在全源定位导航授时产品；广域无缝高密度定位导航授时产品；室内外精密定位导航授时产品。

7. 无人智能航空器

适应军事侦察、边境巡逻、治安反恐、农林作业、航空测量、物探等应用需求的固定翼和旋翼类无人机。

8. 智能网联汽车

基于网联的车载智能信息服务系统；驾驶辅助级智能汽车、部分或高度自动驾驶级智能汽车、完全自主驾驶级智能汽车；智慧出行用车。

（二）关键核心产品

关键核心产品发展重点是聚焦产业链的薄弱环节和制约国家经济社会发展中的关键问题，突破一批制约我国产业发展的"短板"技术和产品；落实工业强基工程，重点发展核心基础零部件和关键基础材料。

1. 集成电路及专用设备

包括平板显示驱动、智能卡及金融 IC 卡、智能电网等关系国家信息与网络安全及电子整机产业发展的核心通用芯片；芯片设计平台（EDA 工具）及配套 IP 库；服务器 / 桌面中央处理器；嵌入式中央处理器；存储器；关键工艺制造设备（离子机、刻蚀机等）等。

2. 信息通信设备

包括高端服务器；大容量存储设备；面向互联网骨干节点、数据互联中心节点的大规模集群路由器等新型路由交换设备；新一代基站；网络安全设备；光通信设备、光纤接入设备；物联网接入和交换设备、定位系统设备。

3. 新型显示器件

包括高世代新型显示产品；TFT-LCD 平板模组、整机与模组一体化产品。

4. 高端传感器

包括 MEMS 传感器、高性能传感器、多功能传感器、化学及生物量传感器、新材料传感器等高端新型传感器。

5. 高性能、关键性新材料

包括特种功能金属材料、功能性高分子材料、特种无机非金属材料、先进复合材料；3D 打印材料。

6. 高性能医疗器械

包括数字化 X 射线机、多层螺旋 CT 机、超导磁共振成像系统等医学影像设备；基于先进技术的自动化临床检测系统及配套试剂；普外及专科手术室成套设备和高性能麻醉工作站；无创呼吸机、除颤器、起搏器等急救及外科手术设备；介入治疗、放疗等专科用医疗设备；智能康复辅具、智能康复训练系统等康复医疗器械；全降解血管支架等高值医用耗材；基于生物芯片的个体化诊断技术产品。

7. 智能仪控系统

包括可编程逻辑控制器（PLC）、现场总线分散型控制系统（FCS）、工业互联网、面向装备的嵌入式控制系统、功能安全监控系统等智能控制系统；高性能变频调速装置等伺服控制机构；数字化、智能化、网络化仪器仪表，检测分析仪器，精密科学仪器。

8. 高档数控机床及核心部件

数字伺服控制系统、网络分布式伺服系统等伺服驱动装置等伺服驱动装置与电机；通用可编程控制器、人机界面装置、一体化控制器等数字控制系统及软件；重型 / 超重型、精密 / 超精密加工技术、数控电加工及数控系统，高档数控机床集成制造系统。

9. 汽车电子及关键器件

包括整车及发动机电子控制系统；汽车信息系统、车载通信系统等车载汽车电子装置；先进汽车动力总成系统。

10. 先进航空动力系统及器件

航空发动机涡轮叶片、涡轮盘、风扇、压气机、燃烧室、控制系统等关键部件。

11. 航电系统

包括航空电子集成系统，飞控电子及作动系统，航空自动驾驶仪、空管机载设备等；航空专用传感器及芯片、惯性导航传感器、T/R 组件、电动舵机等。

12. 航空地面保障装备

包括航空飞行监视与管制设备、飞行服务系统设备、空地一体的航空机场指挥调度设备等。

13. 新能源汽车

包括纯电动车整车系统集成、整车控制技术、电动辅助系统、整车碰撞与高压电安全、系统热管理技术、车载充电等系统。

14. 节能与新能源汽车关键部件

新型动力电池；高效驱动电机；高效内燃机；先进变速器；充电桩及监控系统等基础设施的技术服务、故障诊断及远程监控系统。

（三）集成服务产品

集成服务产品发展重点是面向智慧城市、航空航天、轨道交通、医疗健康等成套性强、带动力大、影响面广的国际国内市场，利用存量设施建立一批从事技术集成、熟化和工程化的中试基地，大力发展以终端和整机产品系统设计和集成服务为核心的产品。

1. 大型装备总装集成服务

包括深海探测、资源开发利用、海上作业保障装备关键系统；新一代绿色智能、高速重载轨道交通装备系统；大型成套设备安装、调试系统解决方案；重点行业智能制造系统集成解决方案。

2. 工业自动化控制管理服务

包括智能监测系统、远程诊断管理系统、全产业链追溯系统；工业云服务和工业大数据平台；高端工业平台软件和重点领域应用软件等。

3. 物联网集成应用服务

包括物联网在生产、城市管理、民生领域的应用解决方案；物联网服务平台；物联网识别系统。

4. 垂直产业电商平台

包括电子信息交互接口平台；产业公共供应链平台，供应商管理库存平台，分布式多仓库管理平台、智慧物流服务，产业供应链金融平台。

5. 卫星综合应用

包括卫星导航与位置服务；新型实时精密定位服务；卫星应急监测服务等。

6. 绿色建筑多功能集成服务

包括建筑设计、建筑建造（绿色智能幕墙、门窗及装饰设计等）、工程集成服务。

（四）设计创意产品

设计创意产品发展重点是顺应市场需求和现代生活方式，将文化资源优势和工业遗产资源有机结合，融入传统文化和现代时尚元素，突出传统文化内涵与现代信息技术、材料技术等相结合，强调以多种手段提升设计和创意服务等综合能力。

1. 工艺美术精品

包括体现北京符号的大师精品；以"燕京八绝"为代表的工艺美术珍品。

2. 高端时尚产品

包括高端定制服装、高级品牌成衣、手表、礼品等品牌消费品。

3. 个性创意产品

包括个性电子产品；个性创意装饰产品。

4. 数字内容产品

包括数字内容开发工具；数字内容创作软件；数字印刷等。

（五）名优民生产品

名优民生产品发展重点是根据保障首都运行、服务民生的要求，主要围绕城市应急、社会公共品、环境治理服务以及居民服务等领域，适度发展北京市空白、市场切实需要、符合首都资源环境要求的产品，提升改造和发展一批名牌、优质的民生产品。

1. 城市应急产品

包括安检核心装备；食品药品安全快速检测仪器；智能应急救灾安置综合体、远程应急供排水系统、应急救援技术系统集成和综合服务。

2. 高效节能产品

包括高效节能材料；可回收动力电池；节能设计；节能量检测、审核，设备节能服务等。

3."老字号"产品

包括老字号食品、经典名方和确有临床疗效的中药新品种；中成药大品种的二次开发品种。

四、支撑五类产品发展的重要举措

针对五类高精尖产品，需要进一步落实发展任务，主要实施制订高精尖产品目录及项目优选线标准、高精尖产品培育行动两项重要措施。

（一）制订产品引导目录

聚焦新兴领域、高端环节和创新业态，市经信委将制订《"高精尖"产品目录及项目优选线标准》（以下简称《产品目录》），作为各区（县）政府、开发区、企业、专业机构等推进引进企业、转化技术、技术改造、对外合资合作的重要指导，每年定期更新一次。同时为保证新产品的发展同首都功能的要求一致，《产品目录》分行业提出新上"高精尖"产品的项目的优选线标准，禁止未达到优选线的高精尖技术改造和固定资产投资项目在京投资生产。

（二）开展产品培育行动

围绕高精尖产品的培育，未来需要开展专项的培育行动，通过整合央企央院、大型国企、优势科技型企业的创新资源，组织产学研用联合攻关开发一批国家急需的关键产品。通过扩大对外开放合作，支持骨干企业采取合资、并购等方式，消化吸收再创新国际先进产品技术，形成一批进口替代产品。通过推进万众创新、大众创业，推动智能化产品创新发展，支持新创产品快速做大做强，形成规模，构建以智能产品为核心的开放生态体系。推广先进质量管理方法，引导企业积极导入卓越绩效等先进质量管理模式，不断提高高精尖产品质量和品牌。

（三）组织示范应用引导

充分发挥示范应用对高精尖产品发展的重要牵引作用，结合首都智慧城市建设、"互联网＋"的发展，组织一批包括智慧制造、移动互联网、信息安全等内容在内的示范应用项目，以此为牵引带动相应行业的发展。进一步加大政策财政资质对"高精尖"产业相关领域新技术、新产品的采购力度，在国家政策允许范围内，采用首购、订购等非招标采购方式，以及政府购买服务等方式对"高精尖"产品予以支持，促进创新产品的研发和规模化应用。

合力打造重点产业发展新生态

对现阶段市场力量难以自发整合资源，但需要迅速突破的重点领域，《行动纲要》提出由政府加强统筹、引导多个市场主体开展协同创新行动推进八个新产业生态建设专项。

瞄准《中国制造2025》北京大有可为的重点领域

按照"实施一个专项，打造一个生态，主导一个产业"思路

构建平台型企业整合带动创新型中小企业、系统应用端整合带动创新服务产业发展新生态

新能源智能汽车
以开发符合市场需求的智能网联新能源汽车产品为重点

集成电路
以加快推进14纳米先进工艺技术研发及生产线建设为切入点

智能制造系统和服务
以巩固提升智能装备系统、推广应用智能制造模式为切入点

自主可控信息系统
以金融、工业等行业的自主可控信息系统和安全云服务为切入点

云计算与大数据
以完善云计算平台建设和加强大数据智能应用为切入点

新一代移动互联网
以打造自主移动互联网平台和实现关键元器件进口替代为切入点

新一代健康诊疗与服务
以重点疾病的预防、诊断、治疗和康复为切入点

通用航空与卫星应用
以通用航空运营体系建设、卫星技术转化应用为切入点

第九章 合力打造重点产业发展新生态

世界各国或地区在制造业发展进程中，都会根据自身的资源禀赋和战略需求，强化聚焦，集合计量，重点突破。北京市构建高精尖经济结构，需要针对现阶段市场力量难以自发整合重点领域资源，由政府统筹、引导多个市场主体开展协同创新。根据世界前沿技术发展态势和北京产业基础优势，我们选取了关系制造业未来发展主导权的八个领域，按照"实施一个专项，打造一个生态，主导一个产业"的思路，构建新型产业生态系统。

一、新能源智能汽车专项

（一）背景意义

1. 发达国家已就发展新能源汽车以应对能源供需矛盾和环境污染问题达成共识

美、日、欧等纷纷制定国家目标并出台相关整车鼓励政策，引导本国新能源汽车产业发展。基于稳固的传统汽车制造业基础，美、日、欧等在整车制造、电池、电机等核心部件研发等多方面处于国际领先水平，并在市场推广方面取得全面突破，目前已从示范推广逐步转入市场拓展阶段。

2. 国家及各地方政府高度重视新能源汽车产业的发展

新能源汽车产业已被国家列为七大战略性新兴产业之一。2014年5月，国家主席习近平在上汽考察时强调，发展新能源汽车是我国从汽车大国迈向汽车强国的必由之路。为推动新能源汽车产业发展，国家已先后在财政补贴、政府采购、用电价格优惠、购置税免征和充电设施建设奖励等领域出台了一系列强有力的支持政策，新能源汽车产业近年来呈现加速发展态势。上海、广州、深圳等重点城市为抢占竞争制高点，已纷纷制定了本地新能源汽车产业发展政策规划，扶持以本地龙头企业为主导的新能源汽车产业集群。

3. 国内新能源汽车产业发展提速，成为新常态下产业转型升级的有效推手

经过近四个"五年计划"的推动，我国新能源汽车产业发展已取得显著成果，主要企业陆续推出一系列较为成熟的车型，随着"奥运"、"世博"及示范推广应用工程等工作的开展，以及融资租赁、分时租赁等多样化创新商业模式的发展，有效推动我国新能源汽车市场实现井喷式发展。2015年我国新能源汽车销量达到33.1万辆，较上一年增长3.4倍，已成为全球第一大新能源汽车市场。

4. 发展新能源汽车已成为北京市汽车工业转型升级的迫切需求

北京市早在2009年就已发布《北京市调整和振兴汽车产业实施方案》，其中提到要努力使北京新能源汽车产业实现跨越发展，成为国际领先的电动汽车研发中心，为建成国内重要的新能源汽车研发制造基地打下基础。2012年，北京市发布《北京市"十二五"汽车产业发展规划》，也提出要在新能源汽车整车集成和核心零部件，特别是动力电池、驱动电机等关键零部件方面保持国内一流水平。

"十三五"时期是北京市汽车工业转型升级关键时期，新能源汽车高度契合首都功能定位及高精尖产业发展要求，符合城市绿色、低碳化的发展趋势。发展新能源汽车已成为北京市汽车工业转型升级的迫切需求。

5. 新能源汽车与互联网产业融合发展趋势日益显著

国内外已将电动化、智能化、轻量化、互联网化作为了未来汽车变革的方向，各大传统汽车制造商以及新兴的互联网企业甚至金融企业已争相在此投下了重重的筹码。国内已有阿里、百度、腾讯、乐视等互联网巨头通过联姻传统车企进入智能网联汽车领域，为新能源汽车发展注入了新的血液，也为下一步"互联网＋汽车"产业的创新发展提供了强大的助力。

（二）思路目标

1. 实施思路

坚持纯电驱动技术路线，久久为功，持续投入，将北京打造成为国内领先、全球一流的电动汽车科技创新中心。专项将立足全新理念、全新工艺、全新材料、全新平台，应用"互联网+"思维，统筹本市科技创新资源，发挥我市软件与信息服务、电子信息等产业优势，将新能源汽车视为新型的绿色移动终端，创新产业发展和商业运营模式，培育全球领先的新型电动汽车领军企业。推动汽车产业的相关企业更新传统的设计、研发、制造等观念，加大国内外高端人才的引进和新材料、新工艺在电动汽车领域的应用，重点开发符合市场需求的智能网联电动汽车产品，集中建设涵盖电动汽车设计、试验试制及体验、示范等功能的世界一流的科技创新资源聚集高地和以汽车数字化绿色工厂为代表的"中国制造2025"示范基地。

2. 工作目标

到2018年，建成国内首个满足个性化定制需求的电动汽车绿色数字化试制工厂；开发完成集轻量化、智能化、互联网化于一体的全新纯电动汽车产品；研制出下一代高比能量、高循环寿命、高安全性能的动力电池；开发高效率、高可靠性电驱动技术；建成国际首个电动汽车云服务数据平台。到2020年，形成世界一流人才聚集高地，建成技术创新最全面、最大规模的开放性创新资源整合平台，并在燃料电池汽车和智能驾驶等领域实现关键技术突破。新能源智能汽车产业生态，见图9-1。

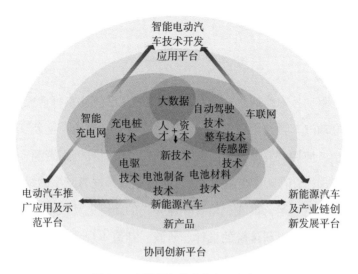

图9-1 新能源智能汽车产业生态图

（三）重点任务

1.搭建新能源汽车基础研发协同创新平台

基于全球视野，采取开放式、集群式方式，本着"聚集领军人物和高端人才、整合产业链优势资源、打造世界一流的技术实力和培育世界一流产业企业"的原则，以市场为导向，针对国内新能源汽车发展的基础技术瓶颈（动力电池、驱动电机产业链），建立行业共享的汽车产品开发数据库，形成国家产、学、研、用创新科技体制试点基地，全面提升新能源汽车自主开发能力和整体技术水平。同时，吸引国际、国内优势企业在京建立研发总部和设计中心，支撑北京市打造国内领先、世界一流的电动汽车科技创新中心。

2.开发全新纯电动整车平台

一是鼓励企业应用新工艺、新材料、新理念，集聚本市汽车设计、试验试制等科技创新资源，打造智能化、轻量化、互联网化的全新纯电动汽车平台。建设全球领先的电动汽车研发、试制、验证和设计中心。

二是围绕"互联网＋汽车"概念，鼓励整车企业与互联网企业联合布局建立智能网联电动汽车、车联网等研发和创新基地。

3. 突破关键核心技术产品

开发下一代高比能量和高循环寿命动力电池材料和成组装备技术；开发高效率、高可靠性、高功率密度的电驱动技术。

一是提升动力电池综合性能。以车用能量型动力电池为主要发展方向，全面提高动力电池输入输出特性、安全性、一致性、耐久性和性价比等综合性能。强化动力电池系统集成与热–电综合管理技术，促进动力电池模块化技术发展，带动关键材料国产化，实现动力电池规模制造与品质保证技术的快速升级；建立以动力电池模块为核心的产品自动化生产线，提高规模生产的工艺水平和管理控制能力，切实改善电池模块的一致性，提高电池模块良品率；实现车用动力电池模块标准化、系列化、通用化，为支撑纯电驱动汽车的商业化运营模式提供保障；开展锂离子动力电池的回收及二次利用技术研究，大幅度降低动力电池体系全生命周期成本，设立动力电池回收示范区。

二是开展下一代新型车载动力电池自主创新研究，为电动汽车产业中长期发展进行技术储备。重点在燃料电池、全固态锂离子电池、锂硫电池、金属空气电池等新型电池技术方面提早布局，做好技术攻关和储备，并通过实验技术验证，建立动力电池创新发展技术研发体系。

三是面向下一代纯电驱动系统技术攻关。从新材料、新结构、自传感电机IGBT 芯片封装和驱动系统混合集成新型传动结构等方面着手，开发高效率、高材料利用率、高密度和适应极限环境条件的电力电子电机与传动技术，探索新一代车用电机驱动及其传动系统解决方案，满足电动汽车可持续发展需求。

4. 带动智能汽车相关核心领域技术创新

突破电动汽车芯片、智能装备、整车控制等核心技术，建立完善的智能网联技术体系。

一是加快智能网联汽车基础技术的研究。包括智能化电动汽车的环境感知及信息融合技术、智能化与网联化电动汽车的底盘线控技术、智能驾驶辅助电动汽车系统集成技术、智能网联电动汽车系统集成等技术。

二是加快无人驾驶技术的研究。研发车辆自动驾驶涉及的感知技术、交通地图测绘、计算机逻辑计算与判断、语音识别技术、开放智能的车载终端系统平台以及车辆自动操控等支撑自动驾驶实现的技术。实现并应用自动泊车、车道偏离警告、正面碰撞警告、盲点信息检测等高级辅助驾驶系统，最终完成开发应用自动驾驶功能。

三是构建统一的车载操作系统数据格式与协议。加快研究我国智能网联汽车专用短距离通信频段以及相关协议标准，规范车辆与平台之间的数据交互格式与协议，制定车载智能设备与车辆间的接口标准，研究制定车辆信息安全相关标准。应统一车载操作系统通信接口标准，实现全部新能源汽车的车联网应用。

5. 建成全球领先的智能制造及示范推广基地

建设全球领先的"中国制造 2025"示范基地；建设全球领先的集无人驾驶、共享租赁、影视娱乐、旅游休闲等于一体的宜居生态体验圈。

一是搭建贯穿于研发、设计、试制和验证等全过程的新型智能制造体系。在研发设计环节，鼓励用户参与，实现大规模个性定制和网络协同开发，通过开放平台集聚大众智慧来提升产品性能。在制造环节，以智能工厂为依托，将信息技术与制造技术相结合，优化资源配置，精细化管理；以数字化车间为载体，利用先进的制造设备，配备先进芯片、传感器，以软件记录产品使用的大数据，通过改进升级提升产品附加值，形成云平台为其他环节提供数据支撑。在验证环节，基于实际试验验证数据，建立智能模拟验证系统，并将验证数据自动反馈于设计试制环节。

二是推进设计制造全环节的绿色环保化。在新能源汽车及其关键零部件材料的选取中，在保证使用性能的前提下，鼓励企业使用环保材料及可回收材料，加大环保材料及可回收材料在汽车材料中的使用比例。在生产制造环节，鼓励企业积极研发引入新的生产工艺，减少污染类化工工艺，减少用水量，降低碳排放量。

三是建设全球领先的新能源汽车宜居生态体验圈。进一步推广新能源汽车，使消费者增进对新能源汽车的了解，推动北京市新能源汽车产业发展。新能源汽车生态体验圈主要展示新能源汽车的新技术、新商业模式，每年围绕新一代纯电动汽车召开不同主题的赛事活动、推广活动和体验活动，同时推进配套的影视娱乐、旅游休闲产业发展。

6.打造示范推广及基础设施运营平台

基于大数据、云计算等技术建成国际首个电动汽车云服务数据平台；营造电动汽车分时租赁等多种商业运营模式并存的市场推广环境；建成智能化运营充电设施服务网络平台。

一是建立开放的基础交通数据平台。车联网的实现依赖于实时且规范的交通车辆数据。基础交通数据库通过标准的数据交互方式，与各企业级平台以及行业管理平台实现互联互通，实现大数据共享，提供基础数据服务，有利于优化资源配置，并提高行业监管效率。

二是建立新能源汽车推广应用创新管理模式。积极探索公私合营（PPP）、众筹等模式，鼓励社会资本参与车辆购买、运营和维护以及充电设施的建设和运营。

三是推进商业模式与现代信息平台融合。发挥北京市内部互联网企业集聚优势，落实北京市绿色交通都市理念，探索车联网与城市电动出行相结合的创新模式，开展包括电动汽车出行相关的充电、路况、停车等信息服务需求研究与服务体系建设。

（四）主要措施

1.建立新能源汽车产业发展基金

建立新能源汽车产业发展基金，将其作为产业链协同创新平台，吸引和调动社会资本，每年从国家、我市、社会筹集百亿元以上资金，重点支持电动汽车研发试制、产业化及商业模式创新等领域的高精尖项目。

2.加快完善政策扶持体系

将新能源汽车重大项目优先列为重点支持项目，落实相关土地优惠政策。保障重点项目进展，对重大基础设施建设项目进行跟踪服务，在立项报批、规划选址、用地、资金扶持等方面予以优先保证。全力做好项目服务保障工作，加快合作项目达到建设条件，保障项目建设有序、高效快速推进。

3. 完善高端人才配套政策

通过企业引进、新项目带动引进、海外吸收等方式，丰富人才引进渠道，重点培育和引入新能源汽车研发、设计、管理、服务等领域的高端国际型人才，同时加大汽车专业技工培养力度和培训机构建设，打造国内汽车产业相关人才的集聚高地。

4. 发挥行业机构作用

一是充分发挥行业组织（协会、学会、商会等）的桥梁、纽带作用，代表业界共同利益，反映产业发展共性问题，积极争取有关部门的政策、项目、资金支持，并协助企业用好用活政策。

二是利用行业组织渠道资源，开展会议交流、论坛、展销、赛事等多种形式的行业活动，搭建信息平台，强化整车企业与零部件企业交流合作。

三是充分利用电视、报刊、网络等新闻媒体发布信息，推介企业和品牌，扩大北京新能源汽车产品的知名度。

二、集成电路专项

（一）背景意义

1. 全球集成电路产业进入重大调整变革期

（1）产业规模快速增长，发展空间持续拓展。2014 年，全球半导体市场销售规模突破 3300 亿美元，集成电路市场不再依赖 CPU、存储器等单一器件发展，移动互联、三网融合、多屏互动、智能终端为市场注入新活力，持续涌现的技术创新和不断拓展的应用领域催生新的集成电路产品出现，为集成电路产业发展创出多层次的细分市场需求和广阔发展空间，也为后发国家和地区进入集成电路产业市场提供了基础。

（2）技术革新步伐加快，资金门槛不断提高。集成电路技术发展已进入后摩尔时代，技术发展朝着延续摩尔定律、超越摩尔定律和超越 CMOS 器件方向演进，愈发凸显集成电路行业技术密集和资金密集特点，工艺提升、产能扩充和研发创新都需要长期持续的、大规模的智力积累和资金支撑。随着集成电路技术水平的不断提升和创新成果的持续涌现，产品上市周期越来越短，资本支出急剧攀升。20nm 晶圆加工生产线的投资资金为 70 亿美元，制程研发的投资为 15 亿美元至 20 亿美元，450mm 晶圆先进生产工艺的前期研发费用高达170亿美元。全球集成电路市场资金门槛不断提高，呈现"大者恒大"的态势。

（3）商业模式创新层出不穷，生态体系竞争日益明显。"后摩尔时代"的技术演进催生产品微型化、多样化和智能化发展，在追求更窄线宽的同时，利用各种成熟和特色制造工艺，实现集成数字和非数字的更多功能。先进集成电路在步入 20nm 甚至是 14nm 制程之后已经逐渐进入平缓发展期，生产技术正孕育新的突破，异质架构器件、3D 制造、3D 封装、纳米材料等新技术、新材料、新产品催生的新的产业生态将对传统体系造成严重冲击，"Google-ARM"体系正挑战"Wintel"发展格局。后发国家和地区正通过商业模式创新、并购整合获得新的发展机遇。

（4）产业竞争格局深刻变化，全产业链竞争态势凸显。全球集成电路产业已进入重大调整变革期。主要国家 / 地区都把加快发展集成电路产业作为抢占新兴产业的战略制高点，投入了大量的创新要素和资源。行业巨头纷纷加快先进工艺导入，加速资源整合、重组步伐，不断扩大产能，强化产业链核心环节控制力和上下游整合能力，急欲拉大与竞争对手的差距；英特尔、台积电、三星电子与半导体设备光刻机厂商 ASML 组成全球战略联盟，共同研发450mm 晶圆制造设备和工艺。集成电路产业呈现"全产业链竞争"格局。

2.我国集成电路产业步入加速发展期

（1）产业发展已取得长足进步。2000 年《国务院关于印发鼓励软件产业和集成电路产业发展若干政策的通知》发布以来，中国集成电路市场和产业规模都实现了快速增长。市场规模方面，2014 年中国集成电路市场规模首次突破万亿级大关，达到 10393 亿元，同比增长 13.4%，约占全球市场份额的

50%。产业规模方面，2014年中国集成电路产业销售额为3015.4亿元，2001-2014年年均增长率达到23.8%。

（2）技术实力显著增强。系统级芯片设计能力与国际先进水平的差距逐步缩小。建成了7条12英寸生产线，本土企业量产工艺最高水平达40纳米，28纳米工艺实现试生产。集成电路封装技术接近国际先进水平。部分关键装备和材料实现从无到有，被国内外生产线采用，离子注入机、刻蚀机、溅射靶材等进入8英寸或12英寸生产线。

（3）涌现出一批具备国际竞争力的骨干企业。2014年海思半导体已进入全球设计企业前十名的门槛，据ICIngsights数据显示，我国设计企业在2014年全球前五十设计企业中占据了9个席位。中芯国际为全球第五大芯片制造企业，连续三年保持盈利。长电科技位列全球第六大封装测试企业，在完成对星科金朋的并购后，有望进入全球前三名。

3. 北京集成电路产业具备较强的基础和竞争力

（1）产业总量快速增长。近十年来，北京集成电路设计企业销售收入年均增长20.68%，制造企业销售收入年均增长40.37%，封装测试企业销售收入年均增长3.98%。目前北京集成电路设计企业约100家，年总产值达260亿元，位列全国前列。

（2）重点企业发展良好。北京集成电路产业在技术研发、集成电路设计、芯片制造、封装测试、设备和材料方面都具备了较强的基础和竞争力，已培养了一批国内领先的重点企业。中电华大、大唐微电子等连续多年入选国家十大IC设计企业，中芯国际成为全球第五大集成电路代工企业。

（3）产业链条日趋完善。北京市现已形成以设计为龙头、制造为支撑，包括封装、测试、材料、装备等各个环节较为完整的产业链，形成以中关村和亦庄开发区为主聚集区的产业布局。

在取得丰硕成果的同时，北京集成电路产业仍然存在芯片制造企业融资难、持续创新能力薄弱、产业发展与市场需求脱节、产业链各环节缺乏协同、适应产业特点的政策环境不完善等突出问题。需要对北京市集成电路产业发展重点和产业布局进行顶层设计，结合当地特色并顺应产业发展趋势与发展要求，实现科学规划、科学发展。

（二）思路目标

1. 以先进逻辑芯片制造工艺作为切入点

（1）实施路径。该策略的技术来源主要有两条，一是依托中芯国际等国内芯片制造龙头与高通、联发科、Mavell 等国际芯片设计巨头及 IMEC 等国际研究机构合作，以合作研发的方式开发新工艺；二是从英特尔、三星、台积电等国际芯片制造巨头得到技术授权，以技术转移的方式开发新工艺。

（2）预期目标。根据行业经验，一条月产能达到 1 万片的 12 英寸 16/14nm 工艺生产线，前期投资需达到 25-30 亿美元。若要形成规模效应，月产能需达到 3.5 万片左右，投资额将达到 80-100 亿美元。根据国内某外资 12 英寸生产线建设资料，如主要生产设备、关键动力设备均采用进口，其余立足于国内市场采购，则主要成本结构包括：基础厂房建设费用（约占 4%）、生产线设备采购费用（约占 85%）、设备安装费用（约占 4%）、正常生产年流动资金（约占 7%）等。经过 24 个月左右的工程建设及设备调试期，该 16/14nm 工艺产线计划形成具有 1 万片 / 月的生产能力。经过 16 个月左右的产能爬坡期，迅速形成 3.5 万片 / 月的生产能力，达产年的良率达到 80% 以上。力争到 2020 年，基本形成 16/14nm 工艺存储器芯片的技术研发能力，布局高性能存储器生产工艺线，生产能力达到国际前三。

2. 以存储芯片作为切入点

（1）实施路径。在技术路线的选择方面，主要以新技术为切入点，缩短与国外先进厂商的差距。

一是 3D NAND Flash 为切入点。当前 NAND Flash 芯片已经量产到 20nm，工艺进程已发展至 14nm。国内企业在此技术方面虽然几乎为空白，但在向 3D 技术转移的进程中，将会采取较为成熟的 30nm 工艺外加 3D 技术。这样差距将缩小至 10 年以内。

二是引进新型存储器研发技术。例如相变存储器（PCRAM）、记忆电阻（RRAM）、铁电存储器（FeRAM）、磁存储器（MRAM）等。

（2）预期目标。以国内某12英寸3D NAND晶圆生产线为例，项目总投资为154.31亿美元（其中晶圆生产所需要的设备、仪器购置及安装费为130.92亿元，产线动力设施购置及安装费为13亿美元，流动资金和研发费用为10.39亿美元），通过投资建设，该产线计划形成具有50万片/月的3D NAND Flash生产能力，达产年3D NAND Flash的良率达到80%以上；达产年平均实现销售收入56亿美元，利润17亿美元，投资利润率为11.06%。

3. 以集成电路国产设备自主化生产为切入点

（1）实施路径。一是通过市场调研和技术分析，完成基于国外二手热线的8寸0.35-0.13μm集成电路实验线总体设计方案。二是拉通实验线并流通0.13μm CMOS工艺。三是开发产品工艺，形成良性互动。在标准工艺验证平台基础上吸引客户自主研发0.18μm、0.25μm、0.35μm CMOS工艺，利用现有成熟产品小批量生产，提升并稳定工艺质量，建立工艺数据库和实验线质量管理体系。四是提供特色服务，实现开放平台。研制开发特色新品，不断发挥实验线潜能，最终达到满足国产高端芯片的多品种、小批量制造水平的要求，为国内装备企业及集成电路产品设计企业提供开放服务平台。

（2）预期目标。以引进二手热线建设8寸0.35μm-90μm的CMOS集成电路装备工艺验证实验线，对国产设备进行验证考核，为研发12英寸集成电路装备提供工艺技术支撑。预计总费用约35亿元。力争到2018年，建成一条国产设备的特殊工艺验证线，到2020年提高国产线良品率。利用首台（套）、首批次政策，促进国产设备在涉及军队、航天、信息安全等特殊领域生产线的应用推广，到2018年提高核心应用领域中国产集成电路制造设备的市场占有率。集成电路产业生态，见图9-2。

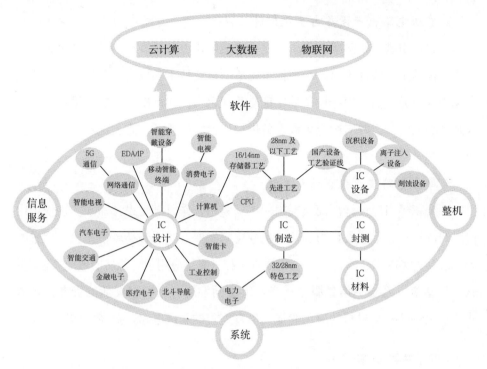

图 9-2　集成电路产业生态图

（三）重点任务

1.先进逻辑芯片制造工艺建设工程

一要面向全球招聘优秀工艺技术工程师，在关键工艺技术领域形成合作研发与消化吸收相结合的态势；二要将优秀的制造工程师派往合作企业，共同开展工艺研发，与北京建线同步进行，引导工程师在北京落地发展；三要在北京建线完成时，将工程师引进回国成为生产线和技术研发的骨干。

2.3D-NAND 存储器芯片生产线建设工程

一要进一步引导有实力的企业和地方基金在全球范围内收购 3D-NAND 存储芯片技术优势企业，获得对方优质知识产权和先进生产线技术；二要依托高校和研究院所资源，加快对立体堆栈 3D-NAND 闪存的研发；三要依托北京市在移动智能终端领域的企业聚集优势，率先在本市鼓励国产终端生产企业采购国内 3D-NAND 芯片产品。

3. 集成电路国产设备自主化推进工程

一要以引进二手热线为手段，建设集成电路设备研发厂房及配套设施。二要建立标准工艺验证平台，形成标准的单项工艺技术和成套工艺技术。三要联合国内外资源，实现国产设备的验证与并线运行。在标准工艺验证平台上进行成熟产品的流片，并对国产关键设备进行逐台替换验证，直至国产设备各方面全部达标。

4. 集成电路产业生态培育工程

一要积极引导设计厂商与国内代工厂紧密合作，满足设计需求，加快国内代工线的达产，形成设计与制造的良性协同发展。二要支持系统整机厂商采购国产芯片，实现产品的自主供应与技术可控，强化应用设计服务，形成"芯片－软件－整机－系统－信息服务"产业链协同发展。三要以灵活的资金支持方式推动关键装备与材料的应用验证，培育完善的集成电路产业技术体系。

（四）主要措施

1. 大力引进和培育优势集成电路企业

一要瞄准国内外具备领先工艺技术的企业，积极吸引一批集成电路企业落户北京，对新注册的集成电路企业，根据其投资规模、市场前景和项目进度情况，给予适当的项目落地补助资金支持。吸引社会投资或新建集成电路项目，在资金、土地、环评等方面给予支持。二要大力支持通信基带芯片、存储器芯片、智能卡芯片、电力电子专用芯片等市场空间大、技术处于核心地位的芯片项目研发。

2. 优化产业生态环境

一要加强集成电路产业链上下游企业之间的协同发展，促进产业链上下游的国产装备材料相互配套。二要推动政府、事业单位和重点企业通过政府采购等形式优先采用基于国产 CPU、北斗导航芯片的信息产品，支持具备自主可控高端芯片的电脑、服务器等整机产品研发应用。

3.鼓励人才引进和培养

一要鼓励引进高端人才。积极落实专业人才进京落户指标，吸引一批掌握前沿技术的创新人才在京创业、就业；二要培养骨干和专业人才，建立、健全集成电路专业人才培养、培训体系，加快建设和发展微电子学院和微电子职业培训机构，重点培养国际化、高层次的复合型集成电路人才，保障微电子人才的稳定供给和人才结构的不断完善。

三、智能制造系统和服务专项

（一）背景意义

1.国内外智能制造发展形势紧迫

智能制造已成为先进制造业发展的主要趋势。发达的工业化国家纷纷做出战略部署，抢占智能制造发展制高点。美国先进制造伙伴计划及工业互联网战略、德国工业 4.0 计划、日本智能制造系统国际合作计划，均是发达国家提出的智能制造发展战略计划。大数据、云计算、移动互联网等新一代信息网络技术与智能制造技术相结合，不仅提高了产品的智能化水平，而且将智能化产品纳入在线网络，成为移动智能终端，使便捷性、即时性有效提高。

我国开始成为智能制造最大的需求市场。近年来，以中国为代表的新兴经济体加快经济转型的步伐，对智能制造的市场需求日趋旺盛。以机器人为例，据国际机器人协会统计，2014 年我国保持全球最大的机器人需求国，新增工业机器人数量 3.7 万台，占全球的 1/4 左右。我国国民经济重点产业的发展、重大工程建设、传统产业的升级改造及降低碳排放的承诺以及战略性新兴产业的培育和发展，对智能制造提出了巨大的市场需求。

2.北京发展智能制造具有较强基础和优势

（1）综合创新实力突出。北京在智能制造领域集聚了众多高等院校、科研院所和企业技术中心，拥有清华、北航、北理工、机械总院、625 所、中自所等一批国内较高技术水平的中央研发单位，也拥有和利时、康力优蓝、大成高科等一批与市场紧密结合的企业创新实体。在智能制造标准方面，电子四院承担了54个ISO/IEC/JTC1等国内技术归口和14个全国标准化技术委员会秘书处的工作；仪表所是国内领先的以测量控制与自动化、工控信息安全和功能安全等高端前沿技术和基础共性技术为重点的科研机构，是我国智能制造国家标准体系制定的主导单位之一；2015年北京承担了国家智能制造专项43项标准制定项目。此外，近年来北京在智能制造关键领域取得了一批重大技术创新成果，和利时、国电智深是全球四家拥有百万千瓦级超超临界燃煤发电机组DCS控制系统技术企业中的两家，中科院光电院、中航工业625所等科研机构在激光及电子束等高能粒子束加工部件研制生产上取得一系列创新成果。

（2）细分领域特色鲜明。北京在智能仪控系统、工业互联网、智能传感器等关键部件领域具有较强优势，拥有和利时、东土科技、航天易联等具备国内引领水平的企业；在重型/超重型、精密/超精密加工技术、数控电加工及数控系统制造等方面具备较强竞争优势，拥有北一数控、北二机床、机床所等优势企业；在增材制造、机器人领域拥有国内领先的研发创新和综合集成能力，拥有太尔时代、中航天地激光、北京隆源等3D打印企业实体，以及大成高科、康力优蓝、艾捷默、安川首钢等国内影响力突出的服务及工业机器人系统集成商；智能制造成套装备和自动化生产线方面，北京在冶金、机械、电子、医药等细分领域自动化领域拥有一批核心技术工艺，并具备较强的智能成套设备、自动化生产线系统集成能力，金自天正、国电智深、康拓科技、煤科天玛在冶金、电力、医药、煤炭自动化等领域具备较强竞争实力。

（3）核心装备水平较高。北二机床研发的"曲轴柔性、精密、高效磨削加工关键技术与成套装备"荣获中国机械工业科学技术奖特等奖，使我国成为英、德、日之后第四个掌握随动式磨削技术及装备的国家，北二机床也成为目前国际上唯一能够提供该类装备的机床制造商；北京天地玛珂研制的煤矿综采成套装备智能系统达到国际领先水平，实施的智能矿山建设关键技术与示范工程荣获中国煤炭工业科学技术奖特等奖；北京广利核自主研制的我国首套核安全级仪控系统（DCS）产品已通过功能安全领域国际权威认证机构——德国莱茵公司认证；艾美特焊接机器人、大成高科制孔机器人已大量应用于航空航天领域；航天科工33所开发的智能巡检、应急检测等特种服务机器人已实现小规模生产；机科发展开发的智能搬运机器人的技术水平位居我国移动机器人前列；康力优蓝开发的娱乐教育机器人、家政服务机器人市场应用良好；北京智能康复工程技术研究中心研发的智能动力小腿假肢是我国首款智能膝下假肢产品，填补了国内产业空白。

（4）公共服务平台领先。北京相关单位近年来积极打造智能制造标准、检测等多个服务平台。中国电子技术标准化研究院、机械工业仪器仪表综合技术经济研究所、北京机械工业自动化研究所通过搭建国际智能制造合作平台，推动我国智能制造综合标准制定及试验验证；中国软件评测中心建设的国家级机器人检测与评定公共服务平台，可以为机器人企业提供工程化和标准化的检测与评定服务；国家机床质量监督检验中心高档数控机床、数控系统及功能部件关键技术标准与测试平台，提供第三方的综合性能与可靠性测试与评价，为数控专项的实施提供必要的技术支撑。

（5）推广应用潜力较大。北京市不仅拥有北京汽车、京东方、首钢集团等一批智能制造试点示范企业，也拥有金自天正、国电智深、煤科天玛等一批冶金、电力、煤炭自动化等领域智能制造系统集成商。伴随京津冀协同发展、产业转型升级的不断深入，智能制造示范应用潜在市场将进一步释放。此外，北京在智能制造领域集聚了中冶、国网等一批央企总部，金自天正、电科等一批央企二级公司，中航、兵装等一批国防科工企业，总部经济在我市智能制造发展中起着举足轻重的作用，通过央地合作推动智能制造应用的空间潜力仍然较大。

3. 北京发展智能制造具有重要意义

智能制造是把握新工业革命战略机遇的首要切入点。在新一轮科技革命和产业变革影响下，互联网、智能制造等正在颠覆着传统工业的发展，新技术、新产品、新模式、新业态正在重塑制造业。我国制定发布的《中国制造2025》规划提出以智能制造为主攻方向，实施智能制造工程，满足我国制造业转型升级要求。北京作为科技创新中心，培育发展智能制造应成为抢抓新工业革命机遇、加快首都功能定位调整和掌握产业竞争主动的必然要求和首要切入点。

智能制造是培育高精尖新型经济结构的战略支撑点。目前北京正围绕首都四项核心功能定位，主动调整疏解不符合首都城市战略定位的产业，构建高精尖经济结构。加快培育和发展知识技术密集的智能制造技术及产业，有利于聚焦北京核心功能定位、发挥科技创新对产业的支撑带动作用，有利于通过两化深度融合形成新的经济增长点，必将成为全市构建高精尖产业体系的战略支撑点。

智能制造是发挥京津冀协同引领作用的重要着力点。京津冀一体化协同发展深入推进，产业改造市场对智能制造发展需求显著。无论从京津冀产业一体化发展前景，还是从提升北京智能制造系统集成能力、综合配套水平和拓展市场需求来看，均需要北京充分发挥科技支撑引领和京津冀产业链核心地位作用，引导智能制造示范项目落地，逐步形成在京津冀区域内布局合理、良性互动的产业集群。

（二）思路目标

1.实施思路

对接国家部署要求，结合北京自身特色，未来需要在智能核心装置（传感器、智能仪控系统、工业互联网等）、智能核心装备等北京具有优势的领域布局发展适当体量的产业项目，在此基础上更加重视智能制造装备共性技术和关键核心技术的研发和标准体系构建。在智能制造模式推广应用部分，更加重视智能装备的集成应用，以及在此基础上形成的以企业为核心的装备系统集成能力，更加重视在工业细分行业数字化车间、智能工厂示范应用基础上的交钥匙解决方案能力的提升。具体思路为：紧抓工业转型升级、两化深度融合、京津冀协同发展的有利时机，巩固提升智能核心装置、智能装备、智能化生产线等关键领域基础优势，加大智能装备的集成应用和数字化车间、智能工厂的推广应用，培育重点行业智能制造系统集成能力，强化智能制造在我市高精尖产业构建、工业转型升级中的服务支撑作用。以海淀、亦庄为核心载体，通过打造标准高地、搭建公共平台、整合央地资源等手段，到 2020 年，将北京建设成为全国智能制造创新中心、示范应用中心和系统解决方案策源地。

　　2. 专项目标

　　到 2017 年，智能制造成为北京高精尖产业的核心引擎之一，智能核心装置、装备自主化及重点行业领域系统集成水平显著提升；启动和实施 30 个以上的行业重大示范项目，部分项目成效显著并形成有效的经验模式；智能制造综合标准化工作在基础共性标准和关键领域应用标准方面取得积极进展；海淀智能制造创新中心、亦庄"中国制造 2025"示范区建成，并集聚一批国内外领先的研发、系统集成企业和机构；智能制造产业投资基金设立并发挥重要作用。智能制造成为北京产业改造升级、两化深度融合的重要支撑。预计 2017 年产值 600 亿元，收入 800 亿元。到 2020 年，智能制造技术和产业体系健全，产品、装备、生产、管理、服务等智能化水平显著提高，重点领域技术和产品跻身世界先进行列。北京成为引领京津冀和全国发展的智能制造创新中心、示范应用中心和系统解决方案策源地。智能制造系统和服务产业生态示意，见图 9-3。

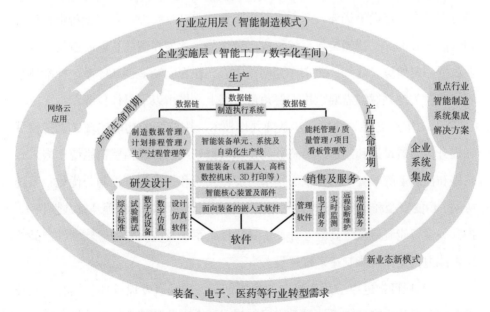

图 9-3　智能制造系统和服务产业生态示意图

（三）重点任务

结合专项思路，提出了创新能力提升、产业培育发展、模式推广应用、新业态新模式、空间战略布局五大行动。

1.创新能力提升行动

将创新能力提升作为智能制造专项的首要行动计划，是综合考虑新时期北京创新中心功能定位要求、巩固北京创新资源优势，以及新科技革命和产业核心瓶颈间现实差距倒逼需求下的必然选择。

从我国来看，尽管近年来部分领域研发创新能力大幅提升，但在新型传感、先进控制等核心技术方面仍然受制于人，高档和特种传感器、仪器仪表、智能控制系统、高档数控系统、机器人等领域国内市场份额不足5%。创新能力不强，必然导致产业基础薄弱，并进一步影响自主安全可控能力的提升。从北京来看，一方面，北京在智能制造部分领域（如传感器、仪控系统等智能核心部件，系统及应用软件等）拥有国内最好的研发资源、人力资源储备；另一方面，北京在智能制造装备产业在国内不具有规模化优势，产业基础相对薄弱，在系统集成方面具有一定竞争优势。两方面综合来看，北京只有综合发挥创新资源优势和智能核心部件、智能装备系统集成比较优势，才能在国内智能制造技术及产业占据一定地位。此外，北京作为创新中心，在智能制造创新体系、标准体系等战略性关键领域，需要承担重要角色。综上，提出以下具体任务：

（1）重点支持关键核心和基础共性技术。围绕智能功能实现，支持发展和提升传感器设计和制造、传感器测量和数据处理、智能传感器系统、嵌入式软件和控制系统等智能部件核心技术。支持发展和提升先进控制与优化、系统协同、功能安全和信息安全、高可靠智能控制、健康维护诊断等基础共性技术。提升关键智能制造领域高端芯片、工具软件、系统及应用软件等软硬件产品的研发能力，支撑智能制造系统建设。

（2）积极推进以应用为导向的集成创新。推动研发设计环节核心工艺技术集成创新和生产环节系统集成应用创新。结合细分领域智能制造模式推广，推动形成以标准化、模块化行业解决方案为主导的集成应用技术能力。重视机器人等智能装备和生产线工艺技术和应用系统开发，带动企业系统集成发展。

（3）加强智能制造创新体系建设。发挥中关村政策优势，完善智能制造创新网络，建立市场化的创新方向选择机制和鼓励创新的风险分担、利益共享机制。围绕重点行业转型升级和智能制造创新发展的重大共性需求，建设一批重大技术实验设施，提高企业创新能力。

2. 产业培育发展行动

从国家来看，工信部《高端装备制造业"十二五"规划》、《智能装备制造产业"十二五"规划》、《机械基础零部件产业振兴实施方案》、《"数控一代"装备创新工程行动计划》、《加快推进传感器及智能化仪器仪表产业发展行动计划》、《关于推进工业机器人产业发展的指导意见》、《国家增材制造产业发展推进计划（2014—2020年）》、《机器人产业"十三五"发展规划》，科技部《智能制造科技发展"十二五"专项规划》分别对智能制造（重点领域）进行了原则界定。此外，国家发改委、财政部、工信部2011—2014年4批次组织实施了智能制造装备发展专项，工信部、财政部2015年组织实施了智能制造专项，从项目支持层面在智能成套装备、关键智能部件、自动化生产线、数字化车间的研发及示范应用等方面进行了重点布局。

从北京来看，2011年北京市政府《关于加快培育和发展战略性新兴产业的实施意见》，2013年北京市经信委、发改委《北京市高端装备制造业发展规划（2013—2015年）》提出智能制造装备产业将重点布局于"数控机床、自控系统与精密仪器仪表、智能专用成套装备"等主要领域。目前该产业重点已不适应北京高精尖产业构建的最新形势，需要深入研究和调整。

调整的主要出发点基于以下三方面：一是从北京智能制造发展的自身基础和主要特色出发，结合国内外智能制造发展最新动态，研究并明确提出北京智能制造发展的"产业边界"和"核心特色"；二是从智能制造在高端装备制造业、战略性新兴产业的重要战略作用出发，结合北京产业调整升级、构建高精尖产业的最新形势，研究并明确提出北京智能制造装备产业发展的主体框架和重点领域。据此专项提出了北京高精尖产业体系框架下支持智能制造加快发展的重点方向和细分领域。具体如下：

（1）智能核心装置和部件。发展 MEMS 传感器、多功能传感器等高端传感器，可编程逻辑控制器（PLC）、现场总线分散型控制系统（FCS）、工业互联网、面向装备的嵌入式控制系统、功能安全监控系统等智能控制系统。发展工业在线分析仪表、检测分析仪器、高可靠执行器等仪器仪表，高性能变频调速装置、网络分布式伺服系统等伺服控制机构等。发展高速精密齿轮传动装置、高精度高可靠性制动装置等精密传动装置，智能定位气动执行系统、高性能密封装置等液气密元件及系统。

（2）智能装备。包括高档数控机床、机器人、增材制造（3D 打印）等机构单元和系统集成产品。高档数控机床领域继续巩固重型 / 超重型、精密 / 超精密以及数控电加工技术优势，提升发展数字系统（软件）、核心数控装置。机器人领域发展柔性机器人、微纳机器人、网络机器人等新一代智能机器人以及人工智能、传感与识别前沿领域，人机协作机器人等智能工业机器人，医疗机器人，教育娱乐、家政、养老等服务机器人，侦查、安防等特种机器人。增材制造领域面向航空航天、医疗器械等领域发展激光、电子束等高能束流直接制造技术，大型熔丝沉积电子束、电子束选区熔化等快速制造核心装置。

3. 模式推广应用行动

发挥智能制造在产业转型发展中的促进作用，有计划地针对部分行业传统装备进行智能化改造，实现智能制造推广应用与减员增效、减污增效、减耗增效、改善条件、提高效率相结合，推动制造模式转变，是培育发展智能制造技术和产业的最终导向。目前国家通过智能制造试点示范、智能制造专项，逐渐加大对智能制造模式示范和推广应用的支持力度。从北京市来看，一方面要争取国家专项支持，提升装备产业和其他优势行业智能制造模式示范的综合影响力，另一方面要按照示范应用范围、程度和时序，有重点有步骤地实施。专项提出了目前可预见的部分行业领域推广智能制造模式的总体部署安排。具体任务如下：

（1）加大重点领域的推广应用力度。高档数控机床和机器人领域，支持重点机床企业开发和应用精密、高速、高效、柔性数控系统及集成制造系统，开展生产线改造和数字化车间示范。支持重点机器人企业推进机器人模块化应用发展。轨道交通装备领域，加大 PLC、列控系统等智能部件和产品在城市轨道交通领域中的规模化应用。支持企业推广应用数字化智能化技术，提升产品数字化协同研制及工艺能力。新能源及智能电网装备领域，加大风光储分布发电自动化在线测控、智能光伏装备生产线的推广应用，支持可再生分布式能源发电、微型燃气轮机等多储能方式的微网系统集成应用示范。支持智能配电网监测服务系统建设。新一代信息技术产业领域，以集成电路为突破，组织开展数字化车间试点示范项目建设。依托自动化成套生产线供应商和重点用户企业，在高端芯片、TFT 液晶面板等生产和供应链领域集成应用机器人自动化生产线和数字化车间。汽车产业领域，对接重点整车企业，组织推进智能数控成套设备和系统、智能测控装置推广应用；对接重点零部件企业，推进智能数控成套设备和系统、智能测控装置、增材制造技术的推广应用。支持重点企业实施智能网联汽车试点示范。航空航天装备领域，面向航空航天大型金属复杂构件直接制造等重点生产领域，继续推广激光、电子束等高能束流等增材制造技术和装备。支持重点企业构建数字化平台和实施智能工厂试点示范项目。基础产业领域，推广应用智能化冶金、建材成套装备和生产线，支持企业在关键环节推广应用智能仪控系统、工业互联网。支持新材料企业推广应用增材制造技术。生物医药及高性能医疗器械领域，支持企业开展生物医药在线监测、远程诊断等领域的试点示范。支持重点医药器械企业推广使用增材制造技术和装备。都市产业领域，支持企业推广应用一批智能食品加工成套装备、智能化纺织成套装备，开展智能工厂示范项目。

（2）开展京津冀智能制造示范应用。以实施区域协同的智能制造示范应用项目为切入点，带动京津冀产业协同发展和传统工业转型升级。选择京津冀产业链衔接较好的重点产业领域，依托龙头企业，推进企业生产设备的智能化改造，构建跨区域智能制造系统。推广基于工业互联网的网络制造、协同制造、服务制造模式。建设京津冀统一标准的工业互联网和工业云平台，带动京津冀产业协同发展。

4. 新业态新模式行动

相对于智能装备的集成应用、离散制造领域的数字化车间、流程制造领域的智能工厂等智能制造模式，新业态新模式更加集中体现两化深度融合、互联网＋及跨界融合发展的最新形势，更加体现新一代信息技术与新兴制造技术的融合，也是目前国家比较关注的一种智能制造应用模式。2015年工信部相继通过《智能制造试点示范专项行动实施方案》、《智能制造试点示范项目要素条件》、《智能制造工程实施方案》制定，明确了现阶段智能制造新业态新模式的主要内容。为落实国家智能制造部署要求，强化北京智能制造创新总部定位，专项在五大行动中专设新业态新模式行动，提出以智能化管理、智能化服务为主的智能制造新模式示范，以及以个性定制、电子商务为代表的新模式示范。具体为：

（1）开展智能化管理、智能化服务的新模式示范。开展能源管理智慧化试点，对接基础、都市产业重点企业，组织开展能源智能管理试点示范，推动企业能源的供给、调配、转换和使用等环节管理的智慧化。开展智能服务试点，对接工程机械、输变电重点企业，开展在线监测、远程诊断与服务试点示范，应用大数据分析、智能化软件等技术，加快推动产品运行与应用状态报告的自动生成与推送服务，形成企业智能服务生态系统。

（2）开展个性定制、电子商务为代表的新模式示范。支持企业通过个性化定制、按需设计、众包众创、分布式协同设计，推动产业平台化发展。支持企业通过数字化仿真设计技术应用和制造业知识库的积累，提升工业云应用水平和建设云制造服务平台。在电力装备、航空装备等行业，开展异地协同开发、云制造试点示范，推动云制造平台建设、企业间产业链全流程无缝衔接、综合集成。在基础、都市、医药行业，开展电子商务及产品信息追溯试点示范，推动电子商务平台建设。

5. 空间战略布局行动

新形势下，北京任何产业的布局支撑，均需要考虑核心功能定位和京津冀协同布局影响。一方面，考虑在北京布局，同时实现与北京内部不同区域功能相适应的产业高端环节（研发、集成和应用）的差异化布局；另一方面，考虑如何在非首都功能疏解背景下，在京津冀实现产业协同发展。针对北京布局，结合现有智能制造研发资源主要聚集于海淀区、高端制造和系统集成应用企业分布于城市发展新区（亦庄、大兴、丰台、房山、顺义）的现状特点，专项提出了打造智能制造海淀创新中心、亦庄"中国制造2025"示范区、特色产业园区的部署安排。针对京津冀协同布局，未来将推动北京智能制造装备制造环节在京津冀更大范围、更高层次开展协作和合理布局。具体如下：

（1）重点打造海淀智能制造创新中心。依托核心企业和科研院所，围绕传感器、智能仪控系统、工业互联网、工业软件、文物保护装备、高端医疗装备等重点领域开展关键核心和前沿技术创新。依托中关村智造大街规划建设，发挥海淀云计算、物联网、大数据等新一代信息技术综合优势，支持一批拥有新技术、新产品、新模式、新业态的智能制造企业，创新要素配置、生产制造和产业组织模式，打造海淀智能制造创新中心。

（2）加快建设亦庄"中国制造2025"示范区和一批特色产业园区。发挥经济技术开发区产业基础优势，依托中芯国际、京东方、同仁堂、冠捷、金风科技等优势企业，实施一批智能示范生产线示范项目；规划建设机器人会展中心、机器人产业创新创业中心，筹建机器人研究院，吸引国内外研发机构、标准制定及检测评定单位聚集；依托智能制造研究院、产业互联网研究院，实施工业云及工业大数据创新应用试点，建设一批高质量的工业云服务和工业大数据平台，打造亦庄"中国制造2025"示范区。延展智能制造发展空间，围绕仪器仪表、智能机器人、文物保护装备等智能装备产业细分领域，在大兴、亦庄、海淀等区域建设一批特色产业园区。统筹设计研发、系统集成资源，在城市发展新区实施一批智能制造示范应用项目，打造多个智能制造应用基地。

（3）推动智能制造京津冀协同发展。推进京津冀产业合作平台建设，探索构建区域产业合作体制机制。支持我市智能装备企业在津冀地区布局产业基地，建设规模化生产线项目。

（四）主要举措

1. 布局产业创新中心

依托本市核心科研院所和企业，重点在高档数控机床与工具、先进成形技术与装备、增材制造技术与装备、机器人及智能装备、工业互联网等领域布局建设一批产业创新中心，争取国家制造业创新中心工程支持，承建一批智能制造细分领域国家级创新中心。

2. 打造国家标准高地

整合央企和本市优势资源，积极参与国家智能制造综合标准化工作。依托电子四院、仪器仪表所、北自所等单位，开展智能制造基础共性标准研究验证工作。依托北京中船信息科技、625 所、和利时、国家机床质量监督检验中心等单位，开展智能制造关键应用标准研究验证工作。支持中国机器人产业联盟、机械工业自动化研究所承担国家机器人标准秘书处工作。组织电子四院、仪器仪表所和北自所三家国家智能制造标准制定依托单位，与北车二七、航空 625 所、北汽福田、北一机床、和利时、东土科技等央地企业共同开展智能制造共性基础、行业应用标准体系研究及试验验证工作。支持组建重点领域标准推进联盟，建设标准创新研究基地，协同推进产品研发与标准制定。

3. 培育系统集成能力

加大智能制造技术在企业研发设计、生产制造、经营管理等环节的广泛应用，带动两化深度融合和生产性服务业发展。充分利用国家智能制造试点示范等政策，支持重点领域优势企业、研发机构开发和推广数字化平台、智能装备系统、智能化生产线和数字化车间。围绕重点行业，支持企业推广一批可推广的行业智能制造解决方案，提升系统集成能力。

4. 搭建智能制造平台

支持北京协同创新研究院建设智能机器人创新中心，促进智能机器人创新成果转化。依托机械总院、电子信息产业发展研究院等中央在京单位，建立和完善共性技术平台和关键技术平台，提供技术研发、检测认证和技术指导等专项服务。支持中国软件评测中心机器人检验检测公共服务平台，机械工业自动化研究所、机床所等单位国家级机器人整机和关键部件检验检测中心，仪器仪表所测量控制设备及网络质量检测中心、测控设备及系统功能安全工程中心建设，提升机器人等关键装备创新能力。支持国家机床质量监督检验中心高档数控机床、数控系统及功能部件关键技术标准与测试平台，北航国产数控系统产品开发全过程功能测评平台，北一机床重型数控机床关键共性技术创新能力平台，清华大学先进成形制造全流程建模与仿真创新平台建设，提升高档数控机床与基础制造装备研发水平。支持机械总院高端装备零部件先进成形研发检测技术公共服务平台以及北自所民爆装备"试、检、认一体化"服务平台建设，加强产业基础能力建设。

5. 建立工作协调机制

加大统筹协调力度，联合相关部门共同组织推进智能制造系统和服务专项工作，共同研究推进全市智能制造发展和推广重大问题。对接河北省、天津市主管部门、核心企业和相关产业联盟组织，研究京津冀智能制造协同发展机制。

6. 积极争取国家支持

在机器人、工业互联网等领域，支持国家级技术创新、测试认证等平台在京落地。积极争取国家04专项、智能制造专项在京实施。支持央企、国防科工企业和科研院所在智能制造研发、系统集成及生产性服务业领域向我市布局。

7. 创新资金支持模式

设立智能制造产业投资基金，采用并购、股权投资等方式支持重点项目。组织企业与国开行等政策性银行对接，探索以业务补贴、风险补偿等形式支持金融机构面向智能制造企业开展业务。利用国家首台（套）、中关村先行先试政策，加大对智能制造的财政和金融支持力度。利用电子、医药等产业资金政策，加大智能制造示范应用的支持力度。

8. 做好产业对接服务

加强产业对接力度，结合北京重点工程、项目，搭建战略合作平台，为企业创造市场机遇。对接本市重点产业，鼓励由用户和制造企业组成联盟共同开发和实施重大智能制造装备研发、产业化应用项目。

9. 开展国际交流合作

鼓励在京相关企业、机构和部门积极参加国际智能制造相关会议、论坛和展览会，在智能制造学术前沿、技术研发、成果转化、产品推广等方面积极开展国际交流。对接国家智能制造科研机构及相关专家，组织智能制造专项座谈会和专家征询会，更好跟踪产业前沿和引导发展方向。

四、自主可控信息系统专项

（一）背景意义

1. 信息系统伴随信息技术的演进持续升级，软件技术是构建现代信息系统的核心

信息系统是由计算机硬件、网络和通信设备、计算机软件、信息资源、信息用户和规章制度组成的以处理信息流为目的的人机一体化系统，信息系统的演进发展与信息技术的持续进步是同步的，信息技术的不断创新是促进信息系统演进的核心动力。信息技术是应用在信息加工和处理中的科学、技术与工程的训练方法、管理技巧及其应用，其体系架构包括信息的获取、传输、处理、应用四大环节和集成电路技术、计算机技术、通信技术和应用软件技术等四大方面。其中软件技术不仅代表着应用软件技术的全部，还深入渗透至其他三个领域当中。集成电路技术中的指令代码集、计算机技术中的操作系统、通信技术中的软件控制均属于软件技术的范畴。因此，软件技术贯穿于信息技术四大环节的始终，是现代信息技术的核心领域，是构建现代信息系统的关键。

2. 软件技术与传统产业的融合发展是信息系统发展的重要方向

软件技术的发展历程可以分为四个阶段。第一阶段是软件依附于硬件发展，

程序员直接面向硬件编程。第二阶段是软件引领硬件发展，软件公司成为推动整个信息技术进步的主要力量。第三阶段，移动互联网等新一代信息技术的快速发展驱动软件技术向平台化、网络化方向演进，应用领域更加广泛，产品形态从商品转向服务。第四阶段的突出特点即软件技术与传统产业的深度融合。软件技术通过向传统产业全面渗透开启各行业的数字化和智能化进程，促进形成产业互联网新格局。

3. 当前软件产业处在转型发展的关键时期，创新发展是推动产业升级的主要动力

伴随全球宏观经济企稳向好以及云计算、移动互联网、大数据等创新业务的逐步落地，全球软件产业景气度提升，软件与传统产业融合发展的态势加剧，软件产业发展呈现出新的特点：一是随着软件服务化、服务产品化进程不断加快，原有软件产品开发、部署、运行和服务模式正在改变，软件技术架构、企业组织结构和商业模式面临重大调整，产业进入周期性转型期。二是在一体化、跨界融合趋势下，IT巨头纷纷加快云计算、大数据、移动互联网等领域并购整合力度，完善自身业务体系和生态布局，拓展新的应用市场，产业应用领域持续扩大。三是软件产业中新模式、新业态的发展已经成为整个产业新的增长点，技术创新成为推动产业进步的核心力量。

4. 北京市产业基础雄厚，发展潜力巨大

十二五以来，北京市主动调整疏解不符合首都功能定位的产业，构建高精尖产业体系，推进京津冀协同发展，实现了经济和信息化发展稳中有进、稳中提质。2014年，软件和信息服务业营业收入5400亿元，增长约11%；工业和信息服务业在全市经济总量中的占比超过1/4，有力支撑了全市经济的平稳增长。面向十三五，北京市提出将以改革创新为支撑，向协同发展要动力，着力加快产业调整疏解、着力构建"高精尖"产业体系、着力推动京津冀产业协同发展、着力推动两化深度融合、着力保持工业和信息服务业平稳运行，确保万元工业增加值能耗和水耗进一步下降，土地投入产出率、全员劳动生产率等效益指标不断提升，信息化总水平继续保持全国领先，"智慧北京"建设取得新

突破等发展目标。

（二）需求目标

1. 专项面向的战略发展需求

国家明确提出对于新一代信息技术，必须掌握关键核心技术和相关知识产权，增强自主发展能力，并将信息化和信息安全上升为国家战略。北京多年来一直引领我国信息技术和产业的发展，"网都"地位和角色日益凸显，面向"互联网+"和《中国制造 2025》的发展要求，北京市应进一步提高在我国信息化建设和信息安全保障中的核心地位。当前，在金融、电信、能源及工业控制领域，我国尚未建立完全自主可控的可信计算系统和安全体系，北京作为全国科技创新中心应当勇挑重任，积极发挥引领科技创新、示范产业发展的首都作用，通过专项行动协调整合优势要素资源，率先探索建立自主可控的新一代信息安全体系。

2. 发展目标

适应新一代信息系统的发展要求，顺应现代信息技术平台化、网络化特点及产业融合加速趋势，重点面向高端行业可信计算市场和工业控制系统领域，打造北京经济发展新引擎，促进相关产业持续稳步健康发展。从产业发展角度来看，建立现代化的自主可控的技术、产品、解决方案和信息安全体系；从促进其他产业发展角度来看，全面提升对金融业、制造业等主要行业基础信息系统的支撑力和可控度。

到 2017 年，在重点领域突破并储备一批自主可控核心信息技术，形成面向高端行业计算市场和工业控制系统领域的纵向一体化信息系统产品，建立可靠贯通的自主可控技术体系。围绕政府市场开放和完善开源生态初步构建支撑自主可控信息系统持续发展的保障体系。

到 2020 年，建成完善的可信计算产业价值链，培育形成一批拥有技术主导权、具有国际竞争力的自主可控信息系统产业集群，信息安全保障能力处于国际领先地位。重点项目实现年直接产值超过 500 亿元，带动相关产业规模超过 2000 亿元。政府部门自主可控信息系统采购模式逐步成熟，构建起完善的开源生态体系，形成依托开源技术的技术和产品创新模式。

（三）发展重点

1. 以高端行业和工业可信计算市场为切入点

信息系统市场从安全要求级别看有自上而下三类市场，如图 9-4 所示：一是保障国家运行安全的党政军系统，其安全要求级别最高，强调高度安全可靠，严密防范各类信息泄露事件的发生；二是作为国家关键基础设施的工业、金融、电信等行业领域的高端可信计算市场，其安全级别要求较高的同时，还强调系统的全天候高度可用性；三是受众面最广的互联网及个人用户，其安全要求级别最低，但市场规模巨大。

图 9-4　差异化的信息系统安全需求

目前，面向党政军市场的信息系统国产化替代工作已在稳步开展，相关技术产品已基本能够满足应用需求。然而高端可信计算市场仍基本被国外巨头所垄断，我国自主可控信息技术产业亟须在此实现突破。当前，由北京市经信委牵头，华胜天成和 IBM 共同参与落地的面向金融、电信等市场的可信高端计算系统项目正在稳步推进，和利时、东土科技等企业也已在工业控制系统及工业网络市场领域具备了突出的解决方案能力，北京市已经具备了在高端行业计算市场全面发力自主可控信息系统产业的条件和基础，专项行动将以此为切入点，整合优势要素资源，聚力实现突破。

2.重点发展纵向一体化技术产品体系

在技术、产业和市场发展的共同推动下，信息系统的体系架构相较以往发生了显著的变化，特别是在物联网、移动互联网、云计算和大数据环境下，新一代信息系统的基础架构不断融合，大量采用分布式计算和虚拟化技术，以应对规模暴涨的多样化、泛在化信息资源和复杂用户交互，系统中的任何一个薄弱环节都可能被攻击者利用，国家、政府、企业、个人所面临的信息泄漏风险正逐年升级。在当前形势下，信息安全防护体系的构建已不再是信息安全厂商的一己之责，而成为整个 IT 业界集体关注的课题，需要信息系统全产业价值链共同协防。因此，从保障新一代信息系统本质安全的目标出发，本专项重点支持发展横跨产业价值链的纵向一体化技术和产品体系，如图 9-5 所示。

图 9-5　全产业网加强自主可控信息安全设计

针对当前新一代信息系统的应用特点，专项同时着眼于打造高中低端服务器和工业现场设备可信计算平台，重点发展贯穿核心芯片、操作系统、中间件、数据库和管理系统的成套一体化自主信息系统产品，打造可靠贯通的自主可控技术体系。如图 9-6 所示，在金融、电商等高端行业可信计算市场及工业控制及网络安全市场中，我们在管理系统、数据库、中间件、存储、服务器、网络、终端等纵向多层环节，选择重点领域，力图实现突破发展。在相关信息系统和载体方面，我们在高端服务器、中端服务器、工控系统等环节进行重点布局，突出借助自身技术和开源技术的可控信息系统能力构建。同时我们也将兼顾发展信息安全服务产业，提高信息系统的安全防护能力。

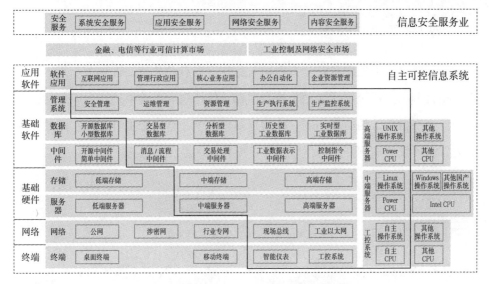

图 9-6　自主可控信息系统专项实施重点示意图

　　在专项实施中，我们并非仅关注重点项目、重点领域的产业发展，我们的着眼点在于依托重点项目来构建起整个产业发展的优良生态。以完善产业生态为核心，紧抓产业生态的核心环节，进行布局和突破，并依托核心环节促进整个生态体系的构建，如图 9-7 所示。

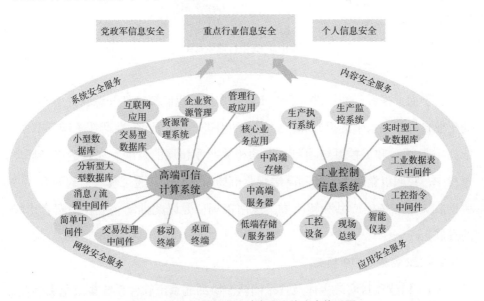

图 9-7　自主可控信息系统专项实施生态体系图

（四）主要措施

基于对自主可控信息安全专项切入点和着重点的分析，计划重点组织实施TOP项目和工控系统项目等两个核心项目。依托政府采购推进产品应用示范有助于促进项目成果的市场拓展。构建开源软件中心有助于提升项目主体的技术能力，为项目的顺利开展提供保障，主要行动体系见图9-8。

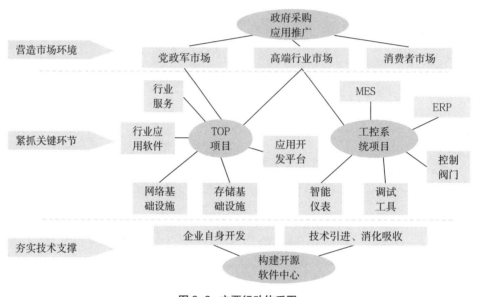

图9-8　主要行动体系图

自下而上来看，为了进一步夯实技术支撑，我们拟构件开源软件中心，推动企业自身技术水平的提升和开源技术的引进、消化吸收。在产业关键环节中，依托TOP项目和工控系统项目，带动相关产业领域的发展。在营造市场环境过程中，我们以党政军市场和高端行业市场为突破口，通过政府采购的方式，帮助相关企业拓展产品和解决方案应用市场，并以此推动企业在消费者市场的发展。

1. 组织实施TOP项目

（1）组建项目实施主体及技术团队。协助北京市软件系统集成龙头企业，组建北京 TOP 有限公司作为项目实施主体。支持项目实施主体引进高端人才，政府在落户、子女入学等方面提供优惠政策，构建高水平研发团队。借助企业已有市场、销售、产品研发人才，组建产品产业化队伍。协助项目实施主体建立产品服务团队。

（2）加快技术引进及消化吸收。支持华胜天成开展与 IBM 的战略合作，实现基于 Power 技术平台的服务器、数据库、中间件、操作系统四个产业链技术的协议引进、消化吸收。支持项目实施主体充分利用已有可信计算技术优势，实现对四个产业链技术的自主化改造。

（3）推动可信计算装备和系统的研发与产业化。支持华胜天成等龙头企业加快可信计算装备和系统的研发与产业化，实现六个系列（可信计算组件、可信服务器和存储、可信操作系统、可信数据库、可信中间件和工具系统），20 多个品类的可信计算装备和系统的研发与产业化。

（4）支持龙头企业通过并购等方式做大做强。依托北京市各金融机构及行业龙头企业，支持设立 Power 产业发展基金，支持项目实施主体收购芯片、操作系统、数据库、中间件、服务器等专业技术公司。

2.组织实施工控系统项目

（1）加快技术研发，突破核心关键技术。推动北京和利时、东土科技等技术企业与北京大学、清华大学、北京航空航天大学等开展技术攻关，支持建立联合实验室，突破高可用高可靠工业控制芯片技术，支持工控系统、管理系统等工业软件、工业互联网架构协议及标准、智能工厂信息模型研究。支持项目实施主要企业与国内外同行业企业开展技术研发合作、技术协议引进，促进工控系统关键技术的吸收和改进。

（2）实现自主工控系统的产业化。推动基于自主可控芯片及操作系统的工业控制现场系统产业化，带动产业链上下游协同发展。加大自主工控产品的宣传推广和应用示范，支持相关企业通过商业运作提升市场竞争力。

（3）推动形成自主工业互联网标准体系。以东土科技现有标准技术为依托，鼓励相关工控系统企业积极参与研发和推广工控系统和网络标准，开展工业互联网体系架构标准化工作。

（4）构建工控系统及网络自主可控安全防护体系。依托国家信息技术安全研究中心、匡恩网络、北京威努特等研究机构及企业，开展全链条工业信息安全体系研究，建立完整工业安全认证与加密体系。以工控主机信息安全保障产品为核心，推动实时平台安全防护、安全实时监测等领域的产品和解决方案创新。

3. 加大政府采购力度

（1）建立政府对专项产品的采购机制。组织开展相关产品的评测和试用，制定可开展大规模应用示范的产品目录。将可开展大规模应用示范的产品纳入北京市政府采购目录。完善政府采购专项产品、服务的鼓励政策。

（2）开放政府采购市场，扩大产品的市场占有率。以专项产品采购政策为依托，鼓励北京市各政府单位采购相关产品。在金融、电信、电力等行业开展应用示范，建立专项产品和服务体验反馈机制，支持相关企业对产品进行改进改造。

4. 构建开源软件中心

（1）支持建立国内一流开源社区。进一步完善或引进开源社区，为企业使用开源软件构建软件能力提供支持。为CSDN等开源社区的发展提供资金扶持，支持其完善社区交流平台、完善代码托管平台、构建代码审查能力、加快与国际主流开源社区的对接。积极联系Github、Apache基金会等国际知名开源社区及组织，支持其在北京建立分站或分组织。

（2）加强开源宣传，培育开源生态，培养开源人才。开展在校大学生开源软件开发及应用比赛，提高学生参与开源软件的积极性。定期在各软件园区组织开源软件推介活动。积极承办国际知名开源软件会议。

五、云计算与大数据专项

（一）背景意义

围绕京津冀协同发展和《中国制造2025》的战略部署，北京市需要顺应"互联网+"趋势，应用信息技术重构和整合传统产业链条，加速催生新技术、新产品、新模式、新业态。

中国的云计算市场发展迅速，云平台规模不断扩大。公有云平台凭借强大的数据存储和数据处理能力，吸引企业规模化向公有云迁移。北京市建设公有云平台符合国家增强云计算服务能力的战略需求，将为本地企业创新活动提供信息化基础支撑，引导数据中心布局向周边转移，带动京津冀经济协同发展。

人工智能作为信息技术产业的创新前沿领域，对于提升我国制造业智能化水平具有重要推动作用。基于大数据的人工智能在发达国家已经实现商用，在医疗、交通等领域取得突破性进展。北京市发展大数据智能化专项符合国家关于促进大数据产业发展的战略需求，有助于推动产业结构调整，促进经济转型升级，提高企业创新能力，加强北京市作为全国科技创新中心的核心功能地位。

（二）思路目标

1. 发展思路

深入贯彻党的十八大精神，按照加快构建高精尖经济结构、推进京津冀协同发展的部署要求，坚持以推动产业转型、提升政府治理、促进大众创业和万众创新为主线，以构建公有云服务平台和大数据智能应用为切入点，以构建生态体系为着力方向，推动北京成为全国云计算和大数据产业的创新高地和示范应用高地。

2. 发展目标

发展全国领先的云计算和大数据产业，重点建设战略性公有云平台和面向行业市场的大数据人工智能应用，树立北京在"互联网+"行动中的领军地位。

到 2017 年，建设 1-2 个服务器规模达 20 万台以上的公有云平台，形成更加完整的云计算集成和迁移解决方案，发展一批涉及民生领域的大数据行业应用，孵化 10 个年收入过亿元的大数据公司。到 2020 年，培育形成一批围绕公有云平台生态圈的产业集群，实现大数据在人工智能应用的突破，实施具有国际影响力的大数据示范应用工程，力争获得直接产值 600 亿元，实现带动产业规模 2400 亿元。云计算与大数据产业生态示意，见图 9-9。

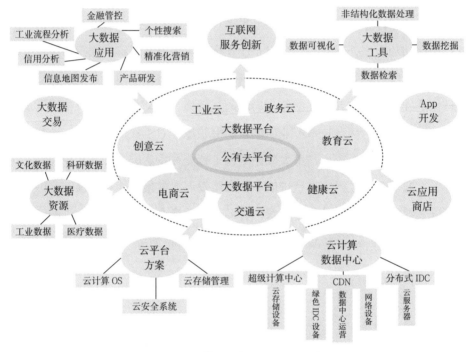

图 9-9 云计算与大数据产业生态示意图

（三）重点任务

1. 统筹数据中心协同布局

按照京津冀协同发展的战略要求，加强与河北省等周边省市合作，加快优化云计算数据中心的布局建设。北京市不再新建大型数据中心，引导现有数据中心加速向张家口等周边地区迁移，鼓励中央部委和国有企事业单位将数据中心迁移至津冀。推动张家口、廊坊等重点地区与中关村园区建立合作机制，积极鼓励数据中心企业在津冀地区发展绿色、生态、安全的数据中心租赁等业务，提供双活数据中心服务。统筹考虑京津冀协同发展战略和绿色数据中心的建设要求，推进在京现有数据中心节能减排技术改造，加强数据中心能耗监测和管理。充分引导数据中心建设企业的业务发展新方向，为数据中心统筹布局提供支撑，打造京津冀"大数据走廊"。

2. 加快公有云服务应用

积极推动北京市战略性公有云服务平台建设，促进数据资源汇聚共享，大力发展面向政务、交通、医疗、教育、文化等重点行业应用和面向个人生活、娱乐的公有云服务，培育信息消费新热点。支持北京市云服务企业创新服务模式和商业模式，提供弹性计算、云存储、应用开发部署、在线企业管理、专有云外包等公有云服务。支持北京市软件企业加快业务转型，依托已有行业应用软件技术优势开展 SaaS 等基于公有云的服务。支持北京市大数据企业依托现有公有云平台，建设处理数据量大、数据种类多、动态性强、实时性高、能够支撑多种应用的大数据处理平台，带动大数据服务发展。

3. 推动数据开放共享

建立健全北京市政府数据开放制度，制定北京市各政府部门数据开放目录，形成政府对外开放与部门间数据开放共享体系。依托北京政务数据资源网，构建公共信息网络平台，整体规划，制定统一的建设标准和技术规范，完善并推广应用数据指标体系标准、元数据标准和数据接口技术规范。鼓励政企合作开展政务大数据价值挖掘，提供以数据为驱动的业务支撑服务，推动建立精简、高效、廉洁、公平的政府运作模式。依托北京市大数据交易服务平台进一步完善大数据管理标准规范，加强政务数据资源和社会数据资源的利用和开发，建立北京市大数据企业数据库和大数据产品目录。鼓励企业合法开放自有数据资源，开展数据交易业务。推动建立京津冀大数据交易所。

4. 发布大数据产品应用目录

制定北京市大数据产品应用目录，引导软件企业优先发展目录中推荐产品。鼓励企业优先承担产品应用目录中的扶持项目，同时推荐部分创新产品进入产品应用目录，在投资项目中实行推介。通过大数据产品应用目录，将提升大数据产品的应用效果，并结合北京市经济发展现状与大数据企业的发展特点，全面推进大数据产品在各行业中的应用。

5.发展云计算和大数据重点行业应用

推动云计算、大数据与各行业的深度融合与创新应用，面向电子政务、健康医疗、工业制造、交通、教育等重点领域发展与应用需求，促进企业业务向云端迁移，开展典型应用示范，服务改善民生，带动产业技术研发体系创新、生产管理方式变革、商业模式创新和产业价值链体系重构，推动跨领域、跨行业的数据融合和协同创新，探索形成协同发展的新业态、新模式。推动云计算、大数据企业与系统集成企业开展战略合作，形成战略联盟，发展面向行业的综合解决方案。强化在云计算、大数据相关服务领域的京津冀企业联动，促进业务深度融合，提高区域产业竞争力。

6.实施云计算和大数据重点项目

（1）公有云平台重点建设项目。以建设公有云平台为项目核心工程，积极推动北京市战略性公有云服务平台建设。依托廊坊、张北的数据中心，大力发展面向政务、交通、医疗、教育、文化等重点行业应用和面向个人生活、娱乐的公有云服务，加快优化云计算数据中心的布局，建设一个涵盖市区两级、汇聚各方数据、实现资源共享、服务社会民生的战略性公有云服务平台。加强企业的云迁移和云集成服务能力建设。扶持支撑创新孵化平台，面向中小型企业开放数据接口，促进创新活动快速发展。围绕规模化公有云平台建设，带动云服务器、云平台软件以及量大面广的云服务企业发展，使北京成为全国云计算解决方案研制中心和云服务汇聚中心。

（2）大数据人工智能重点项目。大数据人工智能应用项目以建设人工智能应用为项目核心工程，推动机器学习算法的研究工作，加快合作吸收全文本挖掘的"自然语言处理技术"、图像与视频解析的"图像解析技术"、声音处理的"语音识别技术"等，提高基于神经元网络深度学习的非结构化数据的技术分析能力。将大数据、深度学习与人工智能紧密结合，深入挖掘数据价值，面向教育、交通、医疗等重点行业，提升大数据应用范围和智能化水平。

（3）完善大数据交易服务平台。大数据交易平台的建立主要为政府、企业、机构、个人等提供数据交易服务，为"互联网＋金融"、"互联网＋流通"、"互联网＋制造"、"互联网＋民生"的快速发展奠定基础。通过交易平台按敏感性对政府和公共数据进行分类，确定开放优先级，制定分步骤的政务数据开放路线图。积极推动政府和公共部门应用大数据技术，提高社会管理的信息化水平，建立与市民沟通的智能行政服务。

（4）开展政府云计算、大数据应用工程。开展电子政务领域应用示范。将云计算作为电子政务的重要模式加以推广，对已有的政务信息系统进行整合改造，实现各级各领域政务信息系统整体部署和共建共用。加大政府采购云计算服务的力度，积极开展试点示范，探索基于云计算的政务信息化建设运行新机制，促进政务信息资源共享和业务协同。建立健全宏观数据监控、数据预警、数据分析指标体系，提高政府宏观调控能力的精准性，加大政府部门之间的数据流通与共享，加强关联分析，提高政府公共管理能力，建立政府与社会间大数据共享机制，健全社会信用体系和市场监管体系，提升政府风险防范与决策的及时性，推动政府透明化管理，提高政府保障公共安全服务能力。

7. 开展云计算与大数据公共服务应用示范

（1）开展健康医疗领域应用示范。发展健康云服务平台，提供个人健康信息存储、用户健康数据分析、用户个性化健康服务等应用，推动远程健康管理、自主健康体检等云服务。开展疾病风险评估、临床决策支持、医疗资源应用有效性评估、人群健康风险分群等大数据应用示范。将北京市市属医院的挂号、病历管理等信息系统和健康云服务平台对接，提供更加完善的健康服务。构建基于云计算、大数据的医疗影像协同、分析应用体系和医疗质量全流程管理考核体系。

（2）开展交通领域应用示范。发展超大型城市交通云服务平台，利用交通大数据开展出行信息服务、交通诱导等增值服务，解决超大型城市面临的拥堵治理、综合交通体系规划、交通管理监测协调等问题。

（3）开展教育领域应用示范。发展教育云服务平台，整合全市各级院校、科研单位、培训机构等教育数据资源，推动教育基础数据的伴随式收集和互通共享，面向学校、教师、学生、家长和社会公众提供教育管理、教学应用、远程学习、信息服务、教育资源共享等服务。

（4）开展环保领域应用示范。建设区域空间地理信息服务平台，为京津冀大气污染联防联控信息共享提供支撑，发展京津冀环保一体化服务平台，开展风险预警、企业信用评价、产品追溯、检验检测数据共享、污染监测预警等服务。

（5）开展城市管理领域应用示范。发展智慧城市管理与服务平台，提供政务业务整合、城市安防等服务，解决政务信息资源共享不足、城市信息资源利用有限等问题。

（四）主要措施

1. 加强组织领导

为了更好发展北京市云计算与大数据产业，推动公有云服务与大数据行业应用，加强大数据技术突破，加强工作统筹，从领导小组、管理指导和咨询研究等三个方面，制定和完善以发展云计算与大数据为核心的工作机制。

建议成立云计算与大数据产业发展领导小组，具体负责指导落实有关云计算与大数据产业发展规划，并制定重大工程、示范应用具体实施方案。加强对云计算与大数据产业发展的指导、组织和协调，研究产业发展过程中的新情况、新问题，加强相关部门的统筹协调，形成发展合力，加快北京市云计算与大数据产业发展。

加强项目管理与指导。强化日常工作机制，对项目建设、技术发展与标准制定、示范应用、产业发展中存在的问题及时响应。定期对项目完成情况进行考核，建立考核、评估体系，落实相关支持政策。

加强决策咨询和发展研究。成立专家咨询委员会，由相关领域专家学者、代表性企业负责人组成，就北京市云计算与大数据发展重大问题进行论证。深化与国内外研究机构及专家学者合作，为北京市云计算与大数据科学发展提供参考。

2. 加快制度法规建设

针对云计算应用出台政府和重要行业采购使用云计算服务相关规定，明确相关管理部门和云计算服务企业的安全管理责任，规范云计算服务商与用户的责权利关系；对大数据应用制定面向政府信息采集和管控、敏感数据管理、数据质量、数据交换标准和规则、个人隐私等领域的相关政策，明确数据采集、使用、开放的责任、权利和义务。

3. 完善标准规范体系

加强云计算与大数据自主标准和规范的创制工作，针对云计算研究制定数据中心建设与评估、应用迁移、服务质量、平台接口等方面的标准规范；针对大数据研究制定面向政府、行业、民生等不同领域的大数据采集、管理、开放、应用标准规范，健全有利于大数据资源市场化流通交易的技术标准。

4. 提高金融服务能力

加强投融资体系建设。根据信息产业从技术开发、产品研制到成果产业化不同阶段的风险特征，完善相应的科技保险机制、融资担保机制、违约贷款补偿机制、科技金融人才激励机制，加强科技资源与金融资源有效对接，加快形成多元化、多层次、多渠道的科技投融资体系。引导金融资源向大数据、云计算等领域配置，通过设立创业投资、科技贷款、科技保险、科技担保等政策性专项引导基金，提供风险补偿和费用补贴，引导更多的民间资本进入大数据、云计算等领域。加快推进科技金融的创新型金融工具研发，大力发展互联网金融应用模式支持信息产业发展。

5. 引进高端人才

营造有利于人才集聚的创业环境。更新人才引进观念，由提供良好待遇向提供良好创业环境转变，为人才创业提供便利服务。加大对云计算与大数据高端人才引进扶持力度，就研发设计、高层管理及复合型等高端人才关心的户口、住房、子女教育、医疗等问题提供具备有竞争力的人才吸引政策，完善生活配套服务,协助高端人才及配偶、子女办理居住证,给予相关市民待遇及支持政策。

六、新一代移动互联网专项

（一）背景意义

全球移动互联网产业在技术与产业上都已相对成熟,随着大数据时代的到来,移动互联和通信技术面临升级换代,新一代移动互联网产业迎来新的发展机遇,开始向泛在物联方向快速发展。众多国家纷纷将发展5G通信、信息宽带、新兴移动互联网服务等作为战略部署的优先行动领域,作为抢占新时期国际经济、科技和产业竞争制高点的重要举措。另外,当前世界各国争相发展科技融合,力图占据未来工业制高点。德国、美国、日本等国家先后在先进制造上布局,在工业4.0的浪潮中想抓住机遇,离不开新一代移动互联网技术与服务的支撑。我国相继出台《关于促进信息消费扩大内需的若干意见》和《"宽带中国"战略及实施方案》,新一代移动互联网行业明确获得国家战略层面的资金支持,包括设立普遍服务基金、财税优惠等,为推动新一代移动互联网产业带来重大利好。中国版工业4.0规划《中国制造2025》也正式公布,新一代移动通信技术位列十大重点领域之首,在推进中国制造全面升级中的作用进一步凸显。此外,"互联网+"行动计划的实施,也进一步明确移动互联网由消费领域向生产领域拓展,加速提升产业发展水平,增强各行业创新能力,使互联网产业成为构筑经济社会发展新优势和新动能的重要推动力。

北京作为我国信息技术产业发展的策源地,在移动互联网产业领域具备强劲的发展态势,在核心芯片、操作系统、移动网络运营、互联网应用、移动终端、移动互联网服务、内容提供和应用开发等方面有一定的产业基础,在技术创新、产业聚集、企业发展等方面形成了全面领军优势。随着人与人通信延伸到物与物、人与物智能互联,移动互联网技术与服务将渗透至更加广阔的行业和领域,突破关键技术提升移动通信领域的自主创新能力、抢占国际标准制高点,形成全球领先的移动通信与互联网领域技术群与产品群,支撑宽带战略,拉动信息消费的重大需求极为迫切。北京作为全国科技创新中心应主动承载起国家战略，积极发挥引领科技创新、示范产业发展的首都作用，通过专项行动协调整合优势要素资源，培育、聚集核心研发团队，催生可持续输出原创性核心技术及创新产品的龙头企业，加速推进新一代移动互联网技术、服务、产品与各行业的广泛融合，实现中国制造业的全面升级。

（二）思路目标

1. 实施思路

积极把握全球移动互联网产业的总体发展趋势，按照高精尖专项的总体部署要求，紧抓工业转型升级、两化深度融合、京津冀协同发展的有利时机，强化自主创新和应用创新，重点培育本地优势企业，全面优化政策环境、产业园区载体环境和生态链互动环境，凝聚各类产业资源，推动移动互联网产业向特色化、集群化、高端化方向发展，辐射带动京津冀形成全国领先的移动互联网产业集群。

2. 工作目标

通过专项实施，到 2017 年，重点提升 4G 及后续 5G 等领域新一代移动通信技术和产业竞争力，培育战略新兴增长点。集聚一批具有较强影响力的龙头示范企业，培育一批具有创新活力的成长型企业，建设一批移动互联网产业和创新基地，扶持一批移动互联网公共服务平台，营造移动互联网创新发展的良好环境，建成国内领先的平台型企业整合带动创新型中小企业、系统应用端整合带动创新服务链的产业发展新生态，实现移动互联技术在各行业的广泛应用。到 2020 年，新一代移动互联网产业规模翻一番，带动相关产业规模超过万亿元。具体指标如下：

（1）产业规模。到 2020 年，移动互联网产业总收入超过 10000 亿元，年均增长率超过 30%。

（2）技术创新。继续攻克移动智能终端核心芯片、传感器、移动智能终端操作系统及关键软件等移动互联网产业关键节点技术，并实现产业化，持续提升产业创新能力。到 2020 年，争取培育 1-2 个安全自主可控的移动智能终端生态，核心硬件供应链自主化率超过 30%，带动一批创新型中小企业共同发展。

（3）产业集聚。产业结构更加优化，培育 3-5 个具有全球竞争优势的细分产业集群。到 2020 年，建成功能完善的移动互联网产业园，形成 3-5 个规模超过 500 亿元的细分产业集群。

（4）辐射能力。与津冀地区合作共建新一代移动互联网产业园区 3-5 个，京津冀产业一体化发展达到更高水平，成为服务全国、辐射全球的优势产业。

（三）重点任务

1. 推进一大前沿标准

（1）支持第五代移动通信的技术研发与标准制定。推动 5G 国际标准化工作。鼓励相关企业与科研单位积极提交国际、国内标准化提案，共建共享专利池，推动提案进入国际标准，抢占核心技术国际话语权。

（2）支持 5G 关键技术研发、核心器件产品产业化。面向 2020 年及未来的移动互联网和物联网业务需求对主要技术场景进行重点布局，重点支持新型多天线传输、高频段通信、新型信号处理、低时延高可靠通信、网络智能化、多技术融合组网、频谱共享、新型网络架构、密集网络等超前的移动通信技术。支持企业针对 5G 高频宽带应用需求，开展 5G 所需的大宽带、高动态范围高性能 AD/DA、基站功率放大器、高频宽带射频滤波器等关键器件的研发和产业化。

2. 提升两大核心基础

（1）核心芯片与元器件自主化。支持移动终端及网络核心芯片和元器件的自主研发和产业化。重点针对 LTE 和 LTE-Advanced 的多模商用基带芯片、多频商用射频芯片、多模终端射频功率放大器芯片等核心芯片技术组织开展研发及产业化工作。重点开展 3D-NAND Flash 芯片、智能终端存储器控制芯片以及 eMMC 方案的研发和产业化。支持企业开展高分辨率 CMOS 图像传感器芯片、智能终端用MEMS传感器、屏驱动芯片、电源管理芯片、蓝牙低功耗（BLE）芯片的研发和产业化。

支持核心芯片和元器件与产业链上下游的联动协同，推进形成自主硬件供应链体系。支持智能终端芯片设计企业重点提升芯片的性能、稳定性和功耗指标，使其能达到面向商用要求，解决产品开发及实际应用中的关键技术，与本土代工厂积极对接实现本地化制造并规模化应用。鼓励芯片设计企业和在京整机终端企业面向高端和智能手机应用，研制自主知识产权的国产手机SoC解决方案，逐步集成国产射频、基带、应用处理器和外围芯片。

（2）移动高端操作系统及软件国产化。支持整机企业联合上下游合作开发国产智能移动终端操作系统。研发具有自主知识产权的移动智能终端新型应用系统，以及新型应用集成开发环境，建立开放、安全、云端融合的应用与服务支持平台，支持第三方应用扩展。针对国产智能终端、国产操作系统进行适配与优化，为国产移动智能终端操作系统提供应用引擎和与之配套的云端服务系统，支持新型人机交互技术和移动互联网主流应用，支持实现系统的规模应用和商用推广。

支持企业基于国产中间件产品研发领域的应用框架、相关构件和工具，形成领域应用平台、解决方案及示范性支撑框架。支持重点应用领域中高端核心业务以及新型网络应用系统的开发、运行和管理，支持重点领域中间件的产业化、高端化，提供高效可信的信息基础设施支撑。

支持相关企业面向移动互联网、物联网、云计算与大数据等业态进行新型移动终端的创新研发及产业化。面向移动互联网应用，研制规模化商用的多类型移动终端设备，重点支持研发低功耗的新型移动终端设备系统设计技术、新型人机交互技术及新型传感技术、互联共享技术、应用程序及配套的支撑系统技术，实现新型移动终端设备产品产业化。

3.打造三大新兴生态

立足适于北京发展、创新潜力巨大的优势领域，围绕商业化、行业应用、终端供应链等三大领域，培育和打造北京移动互联网三大新兴生态，重塑发格局，形成新增长点。

（1）商业化移动消费互联网生态。鼓励小米、乐视、联想、百度、京东等处于生态体系中核心基石位置的企业聚焦各自优势特色领域，以智能终端与可穿戴设备、移动娱乐、移动搜索、地理位置服务、移动电子商务、移动车联网、智能交通、智慧物流等不同移动互联网业务为切入点，构建形成规模的商业化移动互联网生态。

支持开放的产业生态体系的建设，推动产业链上下游企业形成竞合发展模式。鼓励大企业开放平台资源，将用户资源和创新资源有效结合，打造协作共赢的移动互联服务生态环境。推进各个生态中自主操作系统面向融合领域的演进，推动传感器、二维码、人机交互技术、周边设备控制等应用编程接口研发，并支持其向可穿戴设备、智能电视、家庭网关、车载系统等领域渗透。

鼓励有条件的移动互联网企业建立多层次投融资服务体系，设立创新基金，通过投资或并购等资本手段积极布局人工智能、机器人、产业互联网、

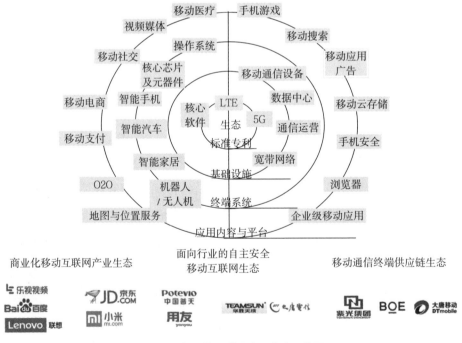

图 9-10　新一代互联网产业生态示意图

健康医疗、信息安全等新兴领域，支持移动互联网服务业务创新，共同为用户提供更好的产品和服务，不断完善生态系统。新一代互联网产业生态，见图9-10。

（2）面向行业的自主安全产业互联网生态。针对国防、社保、教育、农业、电信、金融、保险、卫生等重点行业领域，鼓励企业研发基于国产自主操作系统和基础软件的应用平台和集成环境，构建面向重大行业领域的自主安全产业互联网生态，提升自主移动互联网软硬件技术水平和技术成熟度，支撑国民经济和社会发展向产业互联网加速迈进，推动自主移动互联网生态产业化发展和规模化应用。

加强产业互联网的生态圈建设，实现传统产业的跨界融合发展，推进整个产业链的重塑。扩大对产业互联网软硬件产品和应用服务的政府采购范围，对具有自主知识产权的重要移动互联产品和服务实施政府首购和订购制度。鼓励、引导重点行业企业在信息化建设中，与在京移动互联网服务企业合作开发，对其合作开发的信息化项目优先给予支持。

（3）移动通信终端供应链生态。加强移动终端供应链龙头企业与移动终端整机厂商的战略合作，并通过投资及并购等资本手段延伸业务。同时支持上下游企业组织成立移动互联网产业联盟，"共建、共享、共管"知识产权及核心技术，真正建立"基础软硬件－应用内容－平台服务"一体的本地垂直生态体系，推动芯片、终端、传输、软件、平台、应用等环节的合作对接，解决设计、整机、市场应用环节脱节的产业瓶颈，为我国移动通信终端"走出去"奠定基础，"抱团"对抗国外企业对专利的垄断。

营造完善的移动通信终端供应链生态创新环境。鼓励移动终端企业以其产品为核心打造周边互联设备及多元化智能硬件生态。推动移动通信终端供应链资源池的设立，为移动互联硬件创业者提供空间、工具、仪器和培训，帮助其进行产品设计和原型制造。支持移动通信终端硬件创新孵化器、硬件技术服务平台等市场化服务机构的发展，为硬件创业提供资金支持和创业指导。

4. 强化四大应用示范

积极围绕协同制造、新兴服务、行业应用、创新创业等四大领域开展应用示范，推进以移动互联网为平台的"互联网+"蓬勃发展。

（1）"互联网+智能制造"示范工程。支持发展和提升传感器设计和制造、传感器测量和数据处理、智能传感器系统、云计算、物联网、智能工业机器人、增材制造等技术在生产过程中的应用，推进生产装备智能化升级、工艺流程改造和基础数据共享。着力在先进控制与优化、系统协同、功能安全和信息安全、高可靠智能控制、特种工业和精密制造等核心环节取得突破，加强工业大数据的开发与利用，有效支撑制造业智能化转型，构建开放、共享、协作的智能制造产业生态。

对接落实"中国制造2025"规划和国家智能制造专项，加大重点领域智能核心装置、装备和系统的推广应用力度，加快重点领域生产过程和制造工艺智能化进度。建设一批智能制造创新服务平台，创建一批智能制造示范试验区和两化融合智慧园区，开展重大技术研究和产业化应用示范。

（2）"互联网+新兴服务"示范工程。积极推进移动电子商务与其他产业的融合不断深化，进一步扩大新兴服务内容和发展空间。支持实体零售商综合利用电子商务、移动支付等新技术，打造体验式购物模式。

促进互联网金融健康发展，重点支持企业加快金融产品和服务创新，全面提升互联网金融服务能力和普惠水平。

发展基于移动互联网的医疗卫生服务，鼓励医疗机构积极利用移动互联网提供在线预约诊疗、候诊提醒、划价缴费、诊疗报告查询、药品配送等便捷服务。

鼓励互联网企业与社会教育机构根据市场需求开发数字教育资源，提供网络化教育服务。鼓励学校利用数字教育资源及教育服务平台，逐步探索网络化教育新模式。鼓励学校通过与互联网企业合作等方式，对接线上线下教育资源，探索基础教育、职业教育等教育公共服务新方式。

积极支持移动互联网企业在生活服务领域培育线上线下结合的生活服务新模式。发展基于互联网的文化、媒体和旅游等服务，培育形式多样的新型业态。结合北京智慧城市建设，鼓励发展移动政务、移动媒体、移动旅游等具有区域特色的本地化移动应用。

（3）"互联网＋行业应用"示范工程。加快互联网与交通运输领域的深度融合。进一步加强对公路、铁路、民航等交通运输网络关键设施运行状态与通行信息的采集。推动跨地域、跨类型交通运输信息互联互通，推广车联网智能化技术应用，形成更加完善的交通运输感知体系。推进基于互联网平台的便捷化交通运输服务发展，显著提高交通运输资源利用效率和管理精细化水平。

开展能源管理智慧化试点。对接基础、都市产业重点企业，组织开展能源智能管理试点示范。开展智能服务试点，对接工程机械、输变电重点企业，开展在线监测、远程诊断与服务试点示范，加快推动产品运行与应用状态报告的自动生成与推送服务，形成企业智能服务生态系统。

推动互联网与生态文明建设深度融合。完善污染物监测及信息发布系统，实现生态环境数据互联互通和开放共享。充分发挥互联网在逆向物流回收体系中的平台作用，促进再生资源交易利用便捷化、互动化、透明化，促进生产生活方式绿色化。

（4）"互联网＋创新创业"示范工程。强化创业创新支撑。鼓励大型互联网企业利用技术优势和产业整合能力，开放平台入口、数据信息、计算能力等资源，提供研发工具、经营管理和市场营销等方面的支持和服务。支持市场化的创业服务机构发展，鼓励各类创新主体兴办新型创业服务平台，集聚创业创新资源，结合互联网对各个行业的渗透和深度应用，培育和孵化具有良好商业模式的创业企业。

积极发展众创空间。鼓励互联网行业诸多社会力量建设众创空间，积极发展多种孵化形态和模式。推动建设一批产业驱动型孵化器，鼓励形成辐射能力强的品牌化众创空间。支持众创空间探索形成各具特色的可持续发展模式，以服务创业者的需求为根本，实现创新与创业、线上与线下、孵化与投资相结合联动发展。

（四）主要措施

1. 夯实产业发展基础

着力突破移动终端核心芯片、高端操作系统、软件及中间件等产业薄弱环节的技术瓶颈，加快实施"宽带北京"战略，积极推进新一代移动互联网基础设施建设工程，加快提升移动通信网络服务能力。统筹互联网数据中心建设，进行升级改造，提高能效和集约化水平。运用互联网理念，构建移动互联网技术产业集群，打造国际先进、自主可控的产业体系。

2. 加强产业顶层设计

确立北京市移动互联网产业发展的协调机制，统筹部署移动互联网及相关产业总体布局，研究制定相关产业发展路线图，细化和落实年度计划，推动健全政策体系，组织实施重点项目，研究建立管理体制，协调解决重大问题。对企业诉求一视同仁，以市场规则作为评判标准，为行业营造公平竞争的环境。围绕重点行业的移动互联网应用，建立和完善沟通协调机制，提升移动互联网发展和运营的规模经济效益。

3. 强化资金投入保障

发挥财政资金的引导扶持作用，利用市战略性新兴产业发展专项资金等资金渠道，加大对移动互联网产业的支持。建立社会投融资信息平台，为中小移动互联网企业融资、私募提供专业服务。鼓励创业基金支持中小移动互联网企业创业，引导风险投资机构加大对移动互联网领域的投资力度，优先支持关键核心技术、特色服务产品、终端解决方案、公共服务平台、应用示范工程等重点项目的研发和产业化。鼓励各类担保资金向移动互联网领域倾斜，引导金融机构通过贷款贴息等方式支持移动互联网产业发展。

4. 优化产业生态体系

进一步支持开放的产业生态体系建设，鼓励电信运营商、软硬件企业与移动互联网服务企业建立开放公共服务平台。加快制定统一的移动互联网服务标准和规范，实现不同产品间互联互通，规范移动互联网服务市场并保证用户信息安全。鼓励企业设立创新基金，支持移动互联网服务商业务创新。

5. 构筑产业人才高地

将北京市高科技人员奖励政策向移动互联网领域倾斜。搭建移动互联网人才公共服务平台，积极引进移动互联网核心技术人才和产业领军人才。加强合作，采取定向委托等方式培养专业人才，逐步完善移动互联网产业人才支撑体系。

七、新一代健康诊疗与服务专项

（一）背景意义

1. 跨领域技术的融合正在催生生物医药领域的新兴经济业态

信息技术飞速发展使得生物医药产业在研发模式、商业模式、产品形态等方面都发生着巨大变化，以智能制造、网络制造为特点的"中国制造2025"日益成为我国生产方式变革的重要方向，生物医药产业智能化时代将全面开启。

2. 国内外日益增长的健康需求激发药品市场潜力

不论是国内还是国外，随着经济的发展，人口总量的增长、社会老龄化程度的升高以及人们健康意识的不断增强，药品市场仍能保持稳健增长。我国医疗卫生领域财政支出年均增长超过20%，医疗保险覆盖面扩大、标准提高、支付比例提高，不断推动我国医药市场扩容。

3. 国家进一步加大对生物医药产业的发展扶持力度

生物医药产业是各国重点发展的战略性产业，"十二五"以来我国发布了《生物产业发展规划》（国发〔2012〕65号）、《医药工业"十二五"发展规划》、《关于促进健康服务业发展的若干意见》（国发〔2013〕40号）等一系列政策文件，大力推进生物医药产业各领域新技术的开发和应用。国家通过重大科技专项、战略性新兴产业创新发展专项、产业振兴和技术改造专项等方式，加大对新药研发、医药高新技术产业化和技术改造的支持力度。

北京市作为全国的科技创新中心，担任着引领全国提升制造能力和创造活力的重要责任。生物医药产业是本市构建"高精尖"经济结构重点发展的领域之一，必须通过实施新一代健康诊疗专项，加快生物医药产业高精尖环节的结构升级和快速发展，推动本市制造业实现从"在北京制造"到"由北京创造"的历史跨越。

（二）思路目标

1. 发展思路

立足首都城市功能对产业发展的内在要求，紧扣京津冀协同发展和创新驱动发展主题，以产业结构升级为导向，以跨领域的技术融合为手段，以重大疾病和常见疾病的预防、诊断、治疗和康复为发展的切入点，实施化学药创新发展、中药品牌国际化发展、生物制药突破发展、医疗器械高端发展及健康服务融合发展五大行动计划，夯实基础研发、共性技术、服务创新、产业组织、资金投入五大支撑平台，强化五大保障措施，构建以创新药物、现代中药、诊断试剂、高端医疗器械及智能健康产品为主的技术和产品体系，推动新一代健康诊疗协同创新、融合发展，打造良好、互动的产业生态环境，形成北京新一代健康诊疗产业的发展优势，为将本市建设成为全国科技创新中心、全球医药研发高地提供强力支撑。

2. 工作目标

新一代健康诊疗与服务专项实施方案的组织和落实主要分为两个阶段，包括探索实施阶段（2015-2017 年）和深入实施阶段（2018-2020 年），具体发展目标如下：

到 2017 年，我市新一代健康诊疗的产品和服务总收入力争达到 1000 亿元。启动和实施 20 个重大项目，销售收入超亿元大品种超过 100 个，企业的创新主导程度加深；产业基础进一步夯实，公共服务平台不断完善，一批代表生物医药领域国内国际领先研究水平的研究机构建设完成；基因工程、生物 3D 打印、生物大数据共享等前沿技术取得突破。新一代健康诊疗产业发展的支撑体系初步完善。

到 2020 年，新一代健康诊疗产品及服务总收入突破 1500 亿元；完成对

50个重大项目的资金支持，推动一批重大创新品种实现产业化，培育一批具有较强竞争力、技术先进、产业链完整的行业龙头企业；初步建立与国际标准接轨的药品生产质量管理体系，质量管理水平明显提高；形成良好的健康服务环境，基本建立覆盖全生命周期、内涵丰富、结构合理的健康服务业体系。新一代健康诊疗产业生态，见图9-11。

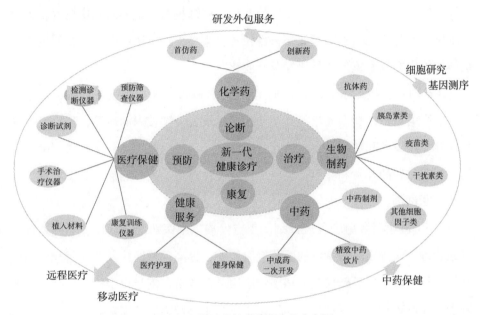

图9-11　新一代健康诊疗产业生态图

（三）重点任务

1. 实施五大重点行动

（1）化学药创新发展计划。以药物创新和工艺技术提升为重点，鼓励研发具有自主知识产权的创新药物，加强以重大疾病及常见疾病治疗方案为导向的先进制剂技术、释药技术和给药系统的研究，强化技术和产品的对接。重点发展高效、速效、长效、靶向给药的新型化学药物制剂；积极布局发展高端原料药。

（2）中药品牌国际化计划。积极推广提取、分离、纯化等现代制剂技术在中药研发和生产中的广泛应用；加快名优中成药的剂型改造和二次创新、名医名方产业化开发、天然植物药物开发和优质中医药保健产品开发；加强中药文化传承，探索文化旅游与中药养生相结合的发展模式，鼓励发展中医医疗保健；加快制定重点中药品种的生产管理标准，推动本市中药品牌建设，加快本市中药的国际化发展进程。

（3）生物制药突破发展计划。以技术突破和产品创新为导向，重点突破高通量的基因克隆表达技术、蛋白质改构和修饰技术、抗体人源化技术、大规模细胞培养与纯化技术等产业化关键技术。重点支持重组蛋白类、新型疫苗、抗体类等生物技术重大产品研发及产业化。

（4）医疗器械高端发展计划。重点开展高端医学影像设备整机、新型数字医学影像设备、新型放疗等高端诊疗整机设备关键技术的研发；积极发展远程医疗专用设备和数字化家庭诊疗及保健设备；鼓励医用高分子材料、医用生物材料等品种的开发和应用；重点支持发展针对艾滋病、癌症、肝炎等重大疾病的诊断试剂。

（5）健康服务融合发展计划。重点发展以中医药健康诊疗、养生调理、健康管理、保健用品为特色的医药健康产业，提高远程医疗及移动医疗的服务水平，培育健康服务新模式、拓展健康服务产业链，满足以个体化诊疗、健康管理、家庭护理、康复理疗、养生旅游等为主的健康服务需求。

2.建设五大支撑平台

（1）重大基础研发支撑平台。充分发挥首都创新资源平台的作用，重点推进蛋白质科学研究设施等在建国家重大科技基础设施和新型疫苗国家工程研究中心等在建国家级工程化平台的建设。加速创新资源集聚和整合，以行业龙头骨干企业技术中心为依托，加强产学研紧密结合，鼓励企业成立工程研究中心、工程实验室等技术创新平台。

（2）关键共性技术支撑平台。围绕共性需求和关键环节，建设一批高水平、标准化、国际化的技术支撑平台。加快建立新型制剂及工艺技术支撑平台、新药研发系统性创新服务平台、外包服务技术支撑平台、长效蛋白药物开发技术平台、基于新型多肽类分子生物工程药物研发平台、高通量高选择性生物膜分离技术平台等关键技术平台。

（3）公共服务创新支撑平台。重点建设研发外包临床研究平台、蛋白药物外包生产平台、化学药外包生产平台等，支持建立国际临床试验合作基地、国际互认的新药安全评价中心、新药临床研究中心和构建国际标准的临床服务体系。鼓励发展第三方检测中心、影像学判读中心、临床数据统计中心等公共服务平台。推进建设生物医药技术成果交易平台和优质籽种交易平台。发展和建设专业孵化器，提升对创新型企业的孵化能力。

（4）新型产业组织支撑平台。支持发展以市场为导向、企业为主体、联合科研院所的新型产业组织。鼓励发展横向合作、互为支撑、共享技术和装备的产业技术联盟。继续完善中国生物技术创新服务联盟、中关村生物医药研发外包联盟、北京肿瘤研究联盟、北方抗体联盟、首都籽种产业科技创新服务联盟等新型产业组织平台功能。

（5）创新资金投入支撑平台。整合政府相关资金，带动社会资本，构建资金支持平台。设立新一代健康诊疗产业发展基金，以并购、股权投资和债权投资为主要方式，引导社会资金支持专项重点产品及工程。搭建多种形式的项目投资互动平台，推进项目发现和项目交流的制度化和品牌化，促进多元资金协同互动。完善知识产权评估机制，促进企业通过知识产权质押融资和专利保险，盘活企业资金。

（四）主要措施

1. 健全组织推动机制

设立新一代健康诊疗专项推进小组，形成由市经济信息化委牵头，市发展改革委、市科委、市食药监局、中医药管理局等相关部门联合参与的协调机制，解决政策协同和重大项目实施中的难点问题。逐年发布发展报告，对新一代健康诊疗专项的落实情况进行及时评估。组建由国内外技术和产业专家组成的专家顾问组，指导产业转型和新产业发展。

2. 壮大专业人才队伍

对大学生就业、创业人才和高技术人才引进提供人才政策支持。鼓励企业通过技术模仿、引进技术进行改造等二次创新模式，实现技术储备和人才积累。结合"千人计划"等人才吸引计划的实施，引进一批生物医药高端技术团队。汇集一批创业投资、科技中介等服务团队。鼓励医药企业与科研机构、高等院校等联合推动多学科、跨学科的高端人才培养。

3. 加快优化产业布局

推动北部创新中心、南部新兴研发和高端制造基地扩区建设，加大北京创新药物孵化基地建设力度。引导健康诊疗专项项目在北京国家生物产业基地集中建设，从规划、立项、土地等方面加大对产业集聚区的建设和重大产业化项目的支持力度。强化首都经济圈产业协作和配套，深化与周边地区在原料药配套、中药材种植及处理等领域的技术和产业化合作。

4. 加强示范引领作用

结合本市"G20"等高技术企业培育工程的实施，加大对生物领域优势企业的培育力度，发挥骨干企业的引领作用，推广创新产品的示范应用。大力促进云计算等新一代信息技术在区域医疗协同等领域的推广应用，推动远程手术急救及健康医疗服务平台等项目建设。

5. 强化政策落地服务

加大政策扶持力度，创造有利的政策环境，促进产学研结合，对治疗常见病和重大疾病具有显著疗效的药物等实行政策、资金倾斜。加强药品的专利保护力度，完善药品注册部门和专利审批部门沟通协调机制。在主要产业园区建立创新政策落地的服务平台。响应"万众创新、大众创业"政策号召，积极开展新一代健康诊疗产业领域的创新创业活动。

八、通用航空与卫星应用专项

（一）背景意义

航空航天是一个国家综合国力的集中体现和重要标志。根据《国务院关于加快培育和发展战略性新兴产业的决定》以及《中国制造2025》中长期发展规划，航空航天是适应国家经济社会发展、产业变革的大趋势的重点产业。通用航空是国家战略新兴产业，《国务院关于促进民航业发展的若干意见》中明确将通用航空确定为新的经济增长点。卫星应用作为国家战略性基础产业，是军民融合重点领域，国务院也专门出台《国家卫星导航产业中长期发展规划》鼓励卫星应用产业发展。北京市发展通用航空和卫星应用产业，将加快构建高精尖经济结构，打造经济发展新的增长点，促进首都产业升级和核心功能完善。

（二）发展重点

1.通用航空领域

通用航空具有产业链长、辐射面广、联带效应强等特点，广泛服务于国民经济三次产业（见图9-12）。北京市应利用区位优势和资源条件，开展通用航空飞机研发、集成、适航取证等关键技术研究；推进完善通用航空飞行服务系统、运营保障体系、通用机场建设、飞行监视系统等服务体系完善；大力发展公务飞行、短途运输、城市应急救援等公共服务飞行。

图9-12　通用航空产业链

"十二五"以来，北京市通用航空产业核心能力不断增强，设计、研发、总装、配套能力显著。北京市通用航空产业的发展必须立足研发优势、技术优势与区位优势，面向北京市通航领域设计研发、世界城市建设、消费类航空、总部基地等特有需求，抓住关键技术与关键产品、大型城市服务保障、通用航空消费市场三大重点，聚焦研发试制、运营保障、商务金融、无人智能航空器等高端环节，突出高端化、服务化、集聚化、融合化、低碳化，形成高端引领、创新驱动、绿色低碳的产业发展模式。

2.卫星应用领域

从产业链角度划分，航天产业包括航天器制造、航天器发射、航天应用及运营和地面设备制造四大环节（见图9-13）。卫星发射和运载火箭组装等产业虽然是产业链的基础，但对运营基地依赖性较强，并且具有高污染的特点，与北京市未来发展定位存在一定差异。北京市目前已初步具备卫星应用基础设施，同时卫星应用领域正在开展多项大型工程，如智能城市建设、北斗导航与

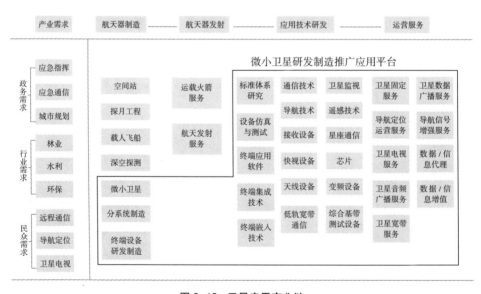

图9-13 卫星应用产业链

位置服务试点应用等，带来了卫星应用市场的巨大需求。因此，北京市发展卫星产业应定位于高端研发、核心制造和卫星应用服务领域，发展高附加值卫星装备研发制造，如微小卫星、终端设备等研制，推动卫星应用服务的基础设施建设，优化卫星应用产业生态结构。

北京市在继续大力支持国家航天产业重大项目的同时，应重点提升军民两用技术研发能力，进一步推进航天产业技术的民用化进程；继续抓住"科技创新中心"的首都功能定位，大力发展卫星地面设备和卫星应用服务等高精尖领域。具体包括：低轨卫星宽带通信技术、卫星遥感技术、卫星导航技术等。

（三）思路目标

1. 实施思路

抓住航空航天装备自主制造、加速应用的机遇，专项以通用航空运营体系建设、卫星技术转化应用为切入点，在航空领域主要围绕关键技术与产品、城市及区域服务保障、通用航空消费三大重点，聚焦发展研发试制、运营服务、商务金融等高端环节，开发通用航空安全运行监管系统、自主安全可信的无人机飞控系统等产品，建设完善应急救援、商务飞行等运营服务体系，提升首都城市功能。在卫星应用领域主要围绕星座通信、低轨卫星宽带通信、卫星遥感、卫星导航技术的产业化，提升军民两用技术研发转化能力，大力发展卫星地面设备和卫星应用服务，开发空天地一体化信息网络、多源融合高精度遥感应用等技术。通过专项实施，建立覆盖高端研发、系统集成、关键子系统制造、技术示范应用、服务保障的产业技术和价值链，建成特色鲜明、体系健全、重点突出、融合发展、国际领先、国内示范的高精尖航空航天研发应用中心。

2. 主要目标

未来，北京市航空航天产业发展的着力点是研发设计、应用转化、服务保障。通用航空领域抓住关键技术与关键产品、大型城市服务保障、通用航空消费市场三大重点，聚焦研发试制、运营保障、商务金融、无人机等高端环节，打造北京市通用航空产业生态（见图9-14）。

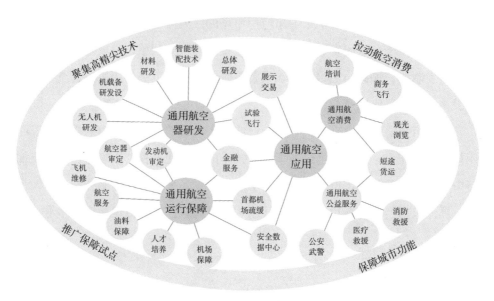

图 9-14　通用航空产业生态

卫星应用领域围绕星座通信、低轨卫星宽带通信、卫星遥感、卫星导航技术的产业化，提升军民两用技术研发转化能力，大力发展卫星地面设备和卫星应用服务，构建北京市微小卫星研发应用生态（见图 9-15）。

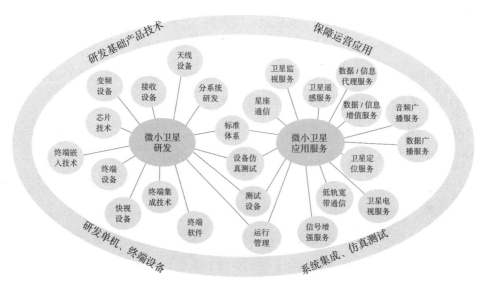

图 9-15　微小卫星研发应用生态

到 2018 年，形成通用航空整机、关键部件研发设计能力，拓展复装交付机型与规模；建设华北地区飞行服务体系，提供飞行计划、航空气象、航行情报等飞行服务；建设无人机整机及关键部件研发、无人机试飞、实验与规章制定支持、机载改装平台、设备载荷应用等创新创业平台；打造"互联网+无人机"的新经济形态，实现市场需求与技术供给的对接交易；发展卫星应用关键系统和终端产品的研发应用，优化完善卫星遥感观测能力。到 2020 年，建成通用航空器研发、设计、生产、交付与金融支持中心；城市公共服务飞行、城市应急救援、低空通勤等通用航空社会服务初具规模，培育若干龙头示范企业；建设国家级航空安全监控和飞行数据开发中心；通过全球多功能低轨卫星宽带通信系统建设，形成覆盖全球的卫星网络并提供服务，支持各类手持式和嵌入式专业设备，具备飞机船舶监视识别、卫星导航信号增强等功能。

（四）重点任务

1. 实施通用航空器研发、制造、交付、应用、服务中心建设项目

依托中航工业和北航，整合北京航空院校院所资源，开展航空新材料、航空发动机、航电系统等设计研发。立足麦道、阿古斯塔直升机及皮拉图斯、P750 固定翼等项目储备，逐步由组装、复装向总装过渡，积累并建立研发设计能力。

在北京通用航空产业基地建设轻型旋翼机、直升机、固定翼飞机的复装、服务、交付中心。轻型旋翼机方面，以北京通用航空产业基金为主体收购引进一家国外旋翼机生产制造项目。直升机方面，引进 2 家直升机生产、改装及大修服务管理体系，在平谷区马坊机场建立直升机整机销售、交付、维修服务中心，面向华北地区开展直升机改装、维修业务。固定翼方面，引进世界知名的单发涡桨多用途飞机，在马坊机场建立复装与交付中心。

依托航空器制造项目的产品，开展示范应用，建设以短途通勤为核心的"空中交通服务保障系统"，实现北京与张家口、曹妃甸等地区短途客货运输；与保险机构和医疗服务机构合作，发挥直升机灵活、便捷的特点，开展医疗应急

救援和紧急救护,共同建立以医疗应急救援为核心的"空中交通服务保障系统"。

依托"飞行智汇"项目,利用金海湖机场空域资源,建立无人机整机及关键部件研发、通航数据开发利用、通航作业项目创新平台,吸引北京航空航天大学无人机试飞实验室、北京工业大学无人机实验室、臻迪智能系统实验室等项目落地,通过提供研发试验设备、试验场地,汇集专家意见,整合英诺天使基金、红杉资本中国基金、富汇创新创业投资管理有限公司等创投机构,对接北京市中小企业创业投资引导基金,协助创业者完成科研成果转化,掌握创新技术知识产权,整合飞机销售、飞机维修、托管服务,采取 O2O 的方式,打造"通用航空互联网 +"的新经济形态,实现市场需求与技术供给的对接交易。

依托融资租赁公司从事航空器销售 / 租赁、通航运营支持、航材航油设备及相关配套服务的经验和专业化的团队实力,针对目前通用航空领域内中小型通航运营企业购机困难、机型老化等问题,对通航类作业型飞机以北京为中心,面向全国开展融资租赁业务。承租人需支付不低于 30% 的首付款、17% 的增值税、5.85% 的关税,并以飞机作为抵押,向融资租赁公司提出购机融资需求。

通过整合北京通用航空产业基地内现有优质资源,按照"所有权经营权分离"的方式,以委托经营的方式,负责管理运营石佛寺机场、金海湖机场、通航机库、教育培训学校、通航大厦、金海湖四合院等,建立维修及服务人员培训基地、无人机操作手培训基地,推动运营公司实现新三板上市。

2. 实施通用航空飞行安全保障与大数据服务体系建设项目

依托民航华北空管局和西安天和防务技术股份有限公司,建设航空器安全监控和飞行数据开发中心,提供飞行员和地面间的双向信息通信,对在华北地区飞行的通用航空器实施飞行过程中的监控跟踪。通用航空器飞行数据由各个运营企业采集,之后通过直接、间接两种方式传至飞行数据开发中心,实现数据接收、译码及监控、飞行品质数据在线分析以及报表发布及浏览等功能。通过对飞机数据、机场数据、机长数据、发动机空停数据等进行分析建模,为保障通用航空的持续安全提供可靠的"大数据"支撑。

针对京津冀地区空域资源紧张、通用航空飞行便利性差等问题,依托中国民航管理干部学院，建设华北飞行服务体系，利用信息化技术手段，在北京设立华北地区飞行服务站试点，统筹京津冀地区低空资源与通用航空飞行，同时提供飞行计划、航空气象、航行情报等飞行服务。

依托中国久远、海丰通航等单位，在军方的大力支持和统一部署下，进一步研发或完善低慢小目标拦截、指挥调度系统，实现对"低慢小"目标的监管与防范，用于保障华北地区的空域安全，实现对重要会议、大型集会、重要场所等的安全防卫。

3. 实施无人机创新研发与示范应用中心建设项目

结合高校、科研院所的研发能力，充分发挥成熟无人机企业，例如海鹰、臻迪智能、零度智控、中航智等公司的先发优势，打造无人机整机及关键部件研发基地，提升无人机机载设备进行改装验证的能力，加大无人机产业链中附加值大、行业壁垒较高产业环节的投入。

完善无人机标准体系，建设无人机整机及零部件测试平台，测试平台通过对无人机产品整机、零部件的各方面测试弥补无人机行业标准缺失，规范无人机产业发展。促进无人机研发制造企业开发高质量、低成本、高速度的新产品，快速占领市场，提高参与国际竞争的能力。

验证无人机静/动态运行监管技术，建立无人机运行大数据服务中心，为无人机监管提供技术支持，保障无人机在低空空域合法安全运行。建立对民用无人机研制、销售、使用、维修、报废等整个生命周期行业管理体系的无人机安全监管技术研发验证中心。

验证无人机低空运营及行业应用的关键技术，对无人机行业应用起到示范推广作用。参照美国先进试点技术，验证与无人机商业运行有关的地理、气象、地面设施、研究需求、空域、安全风险等影响因素，对无人机商业化应用提供技术支持。

4. 建设卫星遥感应用支撑平台

以实施高分重大专项和天绘测绘星项目为契机，加强区域合作，促进军民融合，搭建多源数据共享平台，推进空间信息产业快速发展；发展小卫星遥感及其应用技术，协助国家积极推动商业卫星发展。同时，面向国民经济和社会发展重要行业的应用需求，大力推进卫星遥感产品和服务在公共安全、交通运输、防灾减灾、农林水利、国土资源、公安城管、测绘勘探、应急救援等重要领域的规模化应用。

重点发展卫星运行控制与数据接收、卫星影像标准型产品制作、增值产品加工、应用技术支持服务等航天遥感技术；自主研制遥感测绘软件及系统，形成高分辨率、高清晰度的卫星遥感系列化信息产品；建设遥感应用产业基地及遥感信息服务网络，实现遥感数据在发展决策、社会管理、工农业生产、应急救灾等领域全面应用，部分技术产品满足国际市场需求。

初步形成结构优化、布局合理、特色鲜明、竞争有序的卫星遥感应用产业格局。提升北京市卫星遥感应用的科技创新能力，重点突破核心关键技术研发应用，形成一批具有较强国际竞争力的龙头企业和较好成长性的创新型中小企业。增强测绘卫星遥感数据获取及服务能力。大力推动国产测绘卫星遥感数据的公益性服务和商业化应用，提升国产卫星遥感数据的市场占有率和高分辨率卫星遥感数据自主保障率。巩固面向政府的地理信息应用服务，引导遥感数据应用市场从政府、企业、军队向社会公众领域拓展。实施应用示范工程，拓展测绘遥感数据应用服务产业链，形成从需求、设计、建设到运营全过程的卫星遥感应用支撑平台。

5. 建设全球多功能低轨卫星宽带通信系统

建设一个覆盖全球的多功能低轨卫星宽带通信系统，能够支持各类手持式和嵌入式专业设备，并具有飞机舰船监视识别、卫星导航信号增强等功能。实施"一箭四星"工程，开展全球多媒体宽带数据的存储转发业务和全球数据采集及相关的非实时业务，实现业务试商用。开展星上抗辐照专用芯片研制、大规模有源相控阵天线研制、星上交换和星间链路等专项技术攻关，完成从航天产品向航天产业的转化。大规模降低卫星生产制造成本，提高可靠性和寿命，奠定全商业化运营的技术基础。

低轨移动通信星座系统以建设和运营多业务低轨卫星星座系统为战略发展

目标，提供天地一体的具备全球服务能力的低轨卫星移动通信业务。星座系统建成后，将为应急、海上、野外等各种活动提供最有效的通信手段，将为国家领土、海洋、能源和海外利益提供重要保障，并为全球用户提供包含卫星在内的空、天、地一体化移动宽带接入服务和飞机、船舶全球实时监视信息，实现全面商业运营。

建立健全高精尖产业发展新机制

高精尖产业的发展需要完善的体系支撑，未来北京市将切实围绕企业的实际需求，通过深入落实国家全面深化改革的各项任务，构建发展新机制，加快形成有利于高精尖产业发展的市场和服务环境。

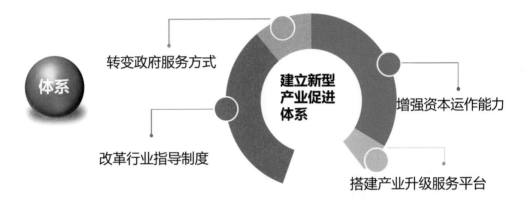

体系

转变政府服务方式

改革行业指导制度

建立新型产业促进体系

增强资本运作能力

搭建产业升级服务平台

调动"四源"主体积极性

- 深入对接央属资源
- 加强外源技术引入
- 发挥地源示范作用
- 激发民源创新活力
- 引导四源协同发展

四源

丰富完善产业促进政策

政策

创新土地利用政策

完善人才激励政策

强化开放发展政策

聚焦产业政策导向

第十章　建立健全高精尖产业发展新机制

高精尖产业的发展需要完善的政策促进和服务体系支撑，未来北京市将切实围绕企业的实际需求，通过深入落实国家全面深化改革的各项任务，构建发展新机制，加快形成有利于高精尖产业发展的市场和服务环境。

一、建立新型的产业促进体系

充分发挥市场在资源配置中的决定性作用，加快转变政府职能，发挥制度优势，完善政策措施，调动市场力量，构建新型产业促进体系，积极营造政府科学合理引导、市场主体主动作为的良好环境。

（一）转变政府服务方式

新形势下为更好地推进产业发展，需要转变政府服务方式，调控好政府、市场、社会关系的动态平衡。在产业准入上，要推进投资便利化，紧紧抓住准入前国民待遇加负面清单的管理模式，深化行政审批制度改革，全面实行标准化管理，提高行政透明度，消除自由裁量权，破除限制新技术、新产品、新商业模式发展的壁垒，引导各类市场主体依法平等进入。在产业管理上，要推进事中事后监管，在建立社会信用体系、信息共享等基础性管理上下功夫，建立完善企业守信激励和失信联合惩戒机制；要以严格规范重点行业的污染物排放标准为基础，严格企业资源要素的使用约束，加强对工业企业尤其是中小型工业企业污染物排放的执法监督，坚决杜绝企业违规排放问题，加大对企业"超标准排放"的污染处罚力度，提高污染企业的排污成本，营造公平、有序、守法的市场秩序，引导企业按照高精尖产业引导方向有序转型提升。

（二）改革行业指导制度

传统的行业指导政策重点服务对象是招商引资、做大经济总量，在产业控制、甄别上存在不足，同时大部分产业政策存在一刀切的问题，不适应当前产业融合发展的实际特点。《行动纲要》立足北京工业的实际特点，围绕首都加快非首都功能疏解、构建高精尖经济结构的实际需求，提出要制定高精尖产业统计划分标准，统筹考虑产业发展的经济、社会和资源环境效益，综合土地、水、能源资源以及就业、税收等因素，建立规模、速度、效益相适应的产业发展综合评价体系，为未来的产业准入提供标准。同时要加快建立高精尖产业发展"优选线"制度，按照高于国家标准的原则提出新实施高精尖产品项目的技术水平要求、环境保护和土地利用限制条件，并开展综合评估，对达到"优选线"标准的项目给予优先支持，对未达到标准的项目禁止在京投产，引导有限的产业资源向高精尖领域集聚。

（三）增强产业资本运作能力

在过去的发展过程中，政府主要采取补贴、补助这种"点对点"的方式对企业进行补助，这种情况下因为政府直接面对企业，管理的工作量比较大，容易出现项目申报和资金使用混乱的情况，资金使用容易出现短期行为，难以形成规模效益，财政风险较大。在这种情况下需要转变传统财政投入方式，以市场化机制放大财政收入投入效益。立足高精尖产业发展的实际需求，《行动纲要》提出要按照政府引导、市场运作、科学决策、防范风险的原则，设立高精尖产业发展基金，以股权投资为主要方式，引导社会资本参与相关建设专项和重点项目。同时，针对存量产业改造升级需求加大的问题，《行动纲要》提出要加大对企业技术改造的支持力度，将企业技术改造投资作为工业固定资产投资的主要方向，通过与国家政策性银行开展战略合作，引导风险投资、私募股权投资支持制造业企业创新发展。

（四）搭建产业升级服务平台

推动产业的转型升级需要公共服务平台的支撑，未来北京工业将围绕信息化与工业化融合、品牌质量建设、工业设计水平提升等重点方面，搭建专业服务平台，推动关键环节实现突破。在创新发展方面，重点围绕知识产权的创造与管理，建设专利信息利用等知识产权公共服务平台，加强重点领域的专利组合布局及专利池建设，推动专利与标准有效融合。适应"大众创业、万众创新"的开展需求，支持制造企业开展内部创新创业活动，建立适于高精尖要求、具有时代特征的创业创新服务平台。围绕高精尖项目的发现、孵化和推广，搭建多种形式的高精尖产业投资互动与对接服务平台，及时发现项目信息，引导推动项目建设。

二、调动"四源"主体积极性

以央企、央校、央所为代表的中央资源，以地方的院校、科研院所和企业为代表的地方资源，以民营机构、民营企业为代表的民营资源，以跨国公司、合资企业及其研发总部为代表的境外资源四类资源是落实北京高精尖产业建设的重要主体，未来要积极调动四类主体的积极性，充分利用其现有优势与实力，融合推动高精尖产业发展。

（一）深入对接央属资源

"央源"集中是北京作为首都的重要特征之一。"央源"单位技术实力雄厚，北京市内央源单位拥有的国家重点实验室，国家工程实验室数量全国领先，且大部分央属科研机构已经形成了"基础研发—技术实现—产业孵化"的完整创新链条。央源企业的资本实力强大，全市过半的收入和税收由央企贡献，且经过多年培育发展，在京央企总部实际已经成为控股公司，主要功能为并购重组与投资融资，这些资源可以在推动新兴产业发展上发挥重要作用。

未来需要围绕央源的技术和资本优势，加强体制创新，突破制度壁垒，引导央源机构向高精尖产业领域进军。对中国航天科技、大唐电信集团等掌握行业领先技术的中央企业，通过合作共建重点实验室、技术合作等方式，引入其战略创新资源；对已经拥有资本运作公司，形成"研发—产业化"闭环的高校、科研院所，探索建立联合基金，共同投资，培育高端新兴产业；支持大学科技园的建设，引导高校利用自身优势资源，培育孵化科技型小企业，提升产业发展活力。探索建立鼓励人才跨领域流动的机制，鼓励高校技术人才通过应聘企业兼职专家、自主创业等模式，打破人才利用壁垒，发挥央源人才的技术优势，为北京高精尖产业发展提供支撑。

（二）加强外源技术引入

相较其他主体资源，外源最突出的特点就是技术实力雄厚，尤其是当前部分国外企业已经在智能硬件、机器人、智能网联汽车等高精尖产业领域形成领先优势。如工业机器人方面，美国、日本、德国等国家起步较早，在控制器、高精密减速器、驱动器、电机伺服系统等关键部件上具有技术优势。以美国机器人为例，其智能技术发展迅速，视觉、触觉等人工智能技术已在航天、汽车工业中广泛应用，生产的高智能、高难度军用机器人和太空机器人已经实际应用于扫雷、布雷、侦察、站岗及太空探测等方面。其他产业领域，英特尔在半导体、ASML 在高端芯片领域掌握核心技术，西门子在高端装备领域技术遥遥领先，诺华、罗氏、辉瑞等国外药企在创新药物领域基本处于垄断地位。

推动北京高精尖产业体系的构建，需要大力引入外源技术资源，在重点产业领域加速形成技术突破。未来可以按照高水平"引进来"和高质量"走出去"的思路，强化外源的技术引入工作，一方面探索通过"市场换技术"的方式，吸引外企在京设立研发机构，加大对外国先进技术的吸收和利用；另一方面，积极鼓励北京企业在境外设立和发展与全市产业导向一致的研发机构，更好地利用国际顶尖人力资源、学术成果和工业基础及各种无形资产和资源，反哺国内企业。同时，加强外源引入的服务平台建设，由政府主导搭建国际合作交流平台，促进国内外企业技术交流，加快引进先进技术。

（三）发挥地源示范作用

"地源"主要是指具有北京市地方属性的企业或机构，在北京工业的培育、发展和演变过程中，地源企业发挥了重要作用：一是承担一定的稳增长功能，在 2009 年金融危机后，京东方、北汽福田、北京现代等企业加大投资力度，为稳定全市工业发展做出了贡献；二是担任行业创新的领军者，京东方 2003 年通过收购韩国企业获得 TFT-LCD 技术，为北京光电产业跨越式发展提供动力；三是成为推动产业调整的先行军，在政府推动的以淘汰落后、疏解转移为代表的调整工作中，以首钢、金隅等为代表的地方企业走在前列。

地源由于归属地方政府管理，能够对政府政策做出迅速、积极、直接的反应，所以在未来高精尖的构建过程中，应充分发挥地源的引领示范作用，以地源为平台，引导推动四源主体的协同发展。对《行动纲要》提出的技术创新、京津冀协同发展等重点任务，要借助地源企业搭建京津冀产业协作网络，在区域协作方面率先完成一批示范项目、形成较为成熟的产业生态，为其他市场主体提供发展样板。要依托北科院等科研院所、市属高校产学研平台、企业技术中心等市属资源积极承接产业技术创新工作，成为产业技术创新的重要承担者，同时大力扶持一批有实力的地源企业走出国门与外源合作，直接接触技术最前沿，努力嵌入全球产业高附加值环节。

（四）激发民源创新活力

民源企业是全市国民经济的重要组成部分，在全市批发零售业，租赁和商务服务业，科学研究和技术服务业，信息传输、软件和信息技术服务业等行业中占有重要地位。相较其他主体资源，民营企业组织机制灵活，经营富有弹性，具有较强的市场应变能力和决策执行力，且近几年北京民营企业研发机构逐渐增多，实力不断增强，未来可以利用民源企业特点，推进其在新技术、新工艺、新模式等方面的创新，提升产业创新能力，为全市高精尖产业体系构建提供支撑。

民源企业的发展需要良好的环境，所以推动民源企业的发展需要政府在环境营造上下功夫，围绕民源企业的实际需求，减少政府直接干预微观经济活动的现象，拓宽民营经济的投资领域；增强社会管理和公共服务的供给，建设公共技术研发机构，研究开发产业共性和关键性技术，为民营企业提供公共技术支撑；完善信息发布制度，扩大信息公开的力度和透明度，使民营企业能够及时、充分地掌握经济计划、市场供求、产业政策、技术、培训等方面的相关信息；进一步建立健全企业融资金融体系，降低民营企业的融资成本，切实解决民营企业的融资难等问题。

（五）引导四源协同发展

北京要构建高精尖产业体系，需要四源主体的共同努力。未来政府需要加大对四源协同发展的引导力度，统筹利用资金、政策、平台等方面的支撑和引导服务，在混合所有制改革、人员团队流动、资本市场合作、项目对接合作、联合技术攻关等方面推动一批制度突破，争取实现 1+1+1+1>4 的"四源"合作效应。充分发挥地源的主体作用，以技术创新协作为有效牵引，对接央源、引入外源、协同民源，形成"四源"协同创新的新格局。发挥产业联盟、行业协会的纽带作用，加快构建多主体联合进行重大技术创新的协同创新机制，针对行业领域内的重大关键问题，协同相关领域的企业主体、科研院所共同参与，集中突破。

三、丰富完善产业促进政策

政策是政府实施宏观调控的重要工具，未来需要围绕高精尖产业的落实，在土地、人才等方面建立相适应的政策体系。

（一）创新土地利用政策

针对当前北京严控建设用地新增、工业发展用地不足的现实情况，要积极创新土地利用方式，争取在不增加工业用地总量的情况下为"高精尖"产业的落实提供空间。由市政府统筹出台针对存量土地腾退的政策措施，国土规划部门建立土地利用考核机制，区县政府作为责任主体，加强对存量土地的腾退。将区县腾退工作的力度和绩效与土地指标配额挂钩，对腾退存量土地多的区县，给予更多的土地指标作为鼓励。对腾退土地工作力度小、腾退成效不明显的区县，取消其产业用地指标，同时限定其存量土地不准开发、不准招拍挂。制定加快企业盘活退出低效土地操作流程，鼓励企业向高精尖方向发展。研究制定优化产业布局的方案，探索加快工业用地循环利用机制，推广"先租后让、租让结合、弹性出让"的供地方式；进一步强化以房招商新机制，鼓励实行房地并举，优先供房，创新空间资源供给模式；探索建立工业用地弹性年期出让制度，加强对高精尖产业的用地保障。

（二）完善人才激励政策

根据高精尖产业发展对高技术人才的需求，未来要把人才作为培育高精尖产业的核心支撑，加大培养具有"高精尖"知识和技能要求的下一代人才和世界一流的人力资源队伍。充分利用国家"千人计划"、北京市"海聚工程"等资源人才平台，从海外引进一批高端领军人才和专业团队。建立和完善人才激励机制，落实科研人员科研成果转化的股权、期权激励和奖励等收益分配政策，激发调动科研人员在京进行成果转化的积极性。充分发挥高校、科研院所、外资企业等机构高端人才流动在技术效应扩散方面的重大作用，建立引导鼓励人才跨领域流动的新机制，鼓励高校技术人才到市内企业兼职；积极引导重点企业高级管理人员和技术人员离职创业；营造良好服务环境，减少人员跨行业、跨区域流动限制。立足全市的实际情况，选择若干产业园区开展高精尖人才置换发展试点，开展高精尖产业人才交流计划，扩大交流范围。

（三）强化开放发展政策

积极融入国家"一带一路"等重大战略，围绕"引进来和走出去"，进一步完善相应的政策支撑。鼓励企业通过收购兼并、联合经营、设立分支机构和研发中心等方式，积极开拓国际市场，构建国际化的资源配置体系；鼓励企业开展工程承包等多种形式的跨国经营活动，加快开拓国际市场。鼓励境外企业和科研机构在京设立研发中心，引导制造企业与国际技术转移机构对接，引进国际先进技术和创新资源。鼓励政府机构、产业联盟、行业协会及相关中介机构为企业"走出去"提供信息咨询、法律援助、技术转让和知识产权海外布局与风险预警服务。

（四）聚焦产业政策导向

根据产业调控需要，进一步梳理修订全市工业领域的支持政策，调整优化政策体系中同全市产业升级方向不一致的政策内容，使政府财政政策资金的投入更有针对性，大力支持高精尖产业发展，对不宜发展的产业类型停止政策扶持。进一步加大财政资金对高精尖产业相关领域新技术、新产品的采购力度，在国家政策允许范围内，采用首购、订购等非招标采购方式，以及政府购买服务等方式对高精尖产品予以支持，促进创新产品的研发和规模化应用。完善支持高精尖项目的资金统筹机制，集中财力聚焦高精尖产业发展重大专项，支持国家急需、创新性强的项目，市级和各区县的专项资金不再支持没有列入高精尖目录的项目。

附录
中国制造 2025

制造业是国民经济的主体，是立国之本、兴国之器、强国之基。18 世纪中叶开启工业文明以来，世界强国的兴衰史和中华民族的奋斗史一再证明，没有强大的制造业，就没有国家和民族的强盛。打造具有国际竞争力的制造业，是我国提升综合国力、保障国家安全、建设世界强国的必由之路。

新中国成立尤其是改革开放以来，我国制造业持续快速发展，建成了门类齐全、独立完整的产业体系，有力推动工业化和现代化进程，显著增强综合国力，支撑我世界大国地位。然而，与世界先进水平相比，我国制造业仍然大而不强，在自主创新能力、资源利用效率、产业结构水平、信息化程度、质量效益等方面差距明显，转型升级和跨越发展的任务紧迫而艰巨。

当前，新一轮科技革命和产业变革与我国加快转变经济发展方式形成历史性交汇，国际产业分工格局正在重塑。必须紧紧抓住这一重大历史机遇，按照"四个全面"战略布局要求，实施制造强国战略，加强统筹规划和前瞻部署，力争通过三个十年的努力，到新中国成立一百年时，把我国建设成为引领世界制造业发展的制造强国，为实现中华民族伟大复兴的中国梦打下坚实基础。

《中国制造 2025》，是我国实施制造强国战略第一个十年的行动纲领。

一、发展形势和环境

（一）全球制造业格局面临重大调整

新一代信息技术与制造业深度融合，正在引发影响深远的产业变革，形成新的生产方式、产业形态、商业模式和经济增长点。各国都在加大科技创新力度，推动三维（3D）打印、移动互联网、云计算、大数据、生物工程、新能源、新材料等领域取得新突破。基于信息物理系统的智能装备、智能工厂等智能制造正在引领制造方式变革；网络众包、协同设计、大规模个性化定制、精准供应链管理、全生命周期管理、电子商务等正在重塑产业价值链体系；可穿戴智能产品、智能家电、智能汽车等智能终端产品不断拓展制造业新领域。我国制造业转型升级、创新发展迎来重大机遇。

全球产业竞争格局正在发生重大调整，我国在新一轮发展中面临巨大挑战。国际金融危机发生后，发达国家纷纷实施"再工业化"战略，重塑制造业竞争新优势，加速推进新一轮全球贸易投资新格局。一些发展中国家也在加快谋划和布局，积极参与全球产业再分工，承接产业及资本转移，拓展国际市场空间。我国制造业面临发达国家和其他发展中国家"双向挤压"的严峻挑战，必须放眼全球，加紧战略部署，着眼建设制造强国，固本培元，化挑战为机遇，抢占制造业新一轮竞争制高点。

（二）我国经济发展环境发生重大变化

随着新型工业化、信息化、城镇化、农业现代化同步推进，超大规模内需潜力不断释放，为我国制造业发展提供了广阔空间。各行业新的装备需求、人民群众新的消费需求、社会管理和公共服务新的民生需求、国防建设新的安全需求，都要求制造业在重大技术装备创新、消费品质量和安全、公共服务设施设备供给和国防装备保障等方面迅速提升水平和能力。全面深化改革和进一步扩大开放，将不断激发制造业发展活力和创造力，促进制造业转型升级。

我国经济发展进入新常态，制造业发展面临新挑战。资源和环境约束不断强化，劳动力等生产要素成本不断上升，投资和出口增速明显放缓，主要依靠资源要素投入、规模扩张的粗放发展模式难以为继，调整结构、转型升级、提质增效刻不容缓。形成经济增长新动力，塑造国际竞争新优势，重点在制造业，难点在制造业，出路也在制造业。

（三）建设制造强国任务艰巨而紧迫

经过几十年的快速发展，我国制造业规模跃居世界第一位，建立起门类齐全、独立完整的制造体系，成为支撑我国经济社会发展的重要基石和促进世界经济发展的重要力量。持续的技术创新，大大提高了我国制造业的综合竞争力。载人航天、载人深潜、大型飞机、北斗卫星导航、超级计算机、高铁装备、百万千瓦级发电装备、万米深海石油钻探设备等一批重大技术装备取得突破，形成了若干具有国际竞争力的优势产业和骨干企业，我国已具备了建设工业强国的基础和条件。

但我国仍处于工业化进程中，与先进国家相比还有较大差距。制造业大而不强，自主创新能力弱，关键核心技术与高端装备对外依存度高，以企业为主体的制造业创新体系不完善；产品档次不高，缺乏世界知名品牌；资源能源利用效率低，环境污染问题较为突出；产业结构不合理，高端装备制造业和生产性服务业发展滞后；信息化水平不高，与工业化融合深度不够；产业国际化程度不高，企业全球化经营能力不足。推进制造强国建设，必须着力解决以上问题。

建设制造强国，必须紧紧抓住当前难得的战略机遇，积极应对挑战，加强统筹规划，突出创新驱动，制定特殊政策，发挥制度优势，动员全社会力量奋力拼搏，更多依靠中国装备、依托中国品牌，实现中国制造向中国创造的转变，中国速度向中国质量的转变，中国产品向中国品牌的转变，完成中国制造由大变强的战略任务。

二、战略方针和目标

（一）指导思想

全面贯彻党的十八大和十八届二中、三中、四中全会精神，坚持走中国特色新型工业化道路，以促进制造业创新发展为主题，以提质增效为中心，以加快新一代信息技术与制造业深度融合为主线，以推进智能制造为主攻方向，以满足经济社会发展和国防建设对重大技术装备的需求为目标，强化工业基础能力，提高综合集成水平，完善多层次多类型人才培养体系，促进产业转型升级，培育有中国特色的制造文化，实现制造业由大变强的历史跨越。基本方针是：

——创新驱动。坚持把创新摆在制造业发展全局的核心位置，完善有利于创新的制度环境，推动跨领域跨行业协同创新，突破一批重点领域关键共性技术，促进制造业数字化网络化智能化，走创新驱动的发展道路。

——质量为先。坚持把质量作为建设制造强国的生命线，强化企业质量主体责任，加强质量技术攻关、自主品牌培育。建设法规标准体系、质量监管体系、先进质量文化，营造诚信经营的市场环境，走以质取胜的发展道路。

——绿色发展。坚持把可持续发展作为建设制造强国的重要着力点，加强节能环保技术、工艺、装备推广应用，全面推行清洁生产。发展循环经济，提高资源回收利用效率，构建绿色制造体系，走生态文明的发展道路。

——结构优化。坚持把结构调整作为建设制造强国的关键环节，大力发展先进制造业，改造提升传统产业，推动生产型制造向服务型制造转变。优化产业空间布局，培育一批具有核心竞争力的产业集群和企业群体，走提质增效的发展道路。

——人才为本。坚持把人才作为建设制造强国的根本，建立健全科学合理的选人、用人、育人机制，加快培养制造业发展急需的专业技术人才、经营管理人才、技能人才。营造大众创业、万众创新的氛围，建设一支素质优良、结构合理的制造业人才队伍，走人才引领的发展道路。

（二）基本原则

市场主导，政府引导。全面深化改革，充分发挥市场在资源配置中的决定性作用，强化企业主体地位，激发企业活力和创造力。积极转变政府职能，加强战略研究和规划引导，完善相关支持政策，为企业发展创造良好环境。

立足当前，着眼长远。针对制约制造业发展的瓶颈和薄弱环节，加快转型升级和提质增效，切实提高制造业的核心竞争力和可持续发展能力。准确把握新一轮科技革命和产业变革趋势，加强战略谋划和前瞻部署，扎扎实实打基础，在未来竞争中占据制高点。

整体推进，重点突破。坚持制造业发展全国一盘棋和分类指导相结合，统筹规划，合理布局，明确创新发展方向，促进军民融合深度发展，加快推动制造业整体水平提升。围绕经济社会发展和国家安全重大需求，整合资源，突出重点，实施若干重大工程，实现率先突破。

自主发展，开放合作。在关系国计民生和产业安全的基础性、战略性、全局性领域，着力掌握关键核心技术，完善产业链条，形成自主发展能力。继续扩大开放，积极利用全球资源和市场，加强产业全球布局和国际交流合作，形成新的比较优势，提升制造业开放发展水平。

（三）战略目标

立足国情，立足现实，力争通过"三步走"实现制造强国的战略目标。

第一步：力争用十年时间，迈入制造强国行列。到 2020 年，基本实现工业化，制造业大国地位进一步巩固，制造业信息化水平大幅提升。掌握一批重点领域关键核心技术，优势领域竞争力进一步增强，产品质量有较大提高。制造业数字化、网络化、智能化取得明显进展。重点行业单位工业增加值能耗、物耗及污染物排放明显下降。

到 2025 年，制造业整体素质大幅提升，创新能力显著增强，全员劳动生产率明显提高，两化（工业化和信息化）融合迈上新台阶。重点行业单位工业增加值能耗、物耗及污染物排放达到世界先进水平。形成一批具有较强国际竞争力的跨国公司和产业集群，在全球产业分工和价值链中的地位明显提升。

第二步：到 2035 年，我国制造业整体达到世界制造强国阵营中等水平。创新能力大幅提升，重点领域发展取得重大突破，整体竞争力明显增强，优势行业形成全球创新引领能力，全面实现工业化。

第三步：到新中国成立一百年时，制造业大国地位更加巩固，综合实力进入世界制造强国前列。制造业主要领域具有创新引领能力和明显竞争优势，建成全球领先的技术体系和产业体系。

2020 年和 2025 年制造业主要指标

类别	指　标	2013 年	2015 年	2020 年	2025 年
创新能力	规模以上制造业研发经费内部支出占主营业务收入比重（%）	0.88	0.95	1.26	1.68
	规模以上制造业每亿元主营业务收入有效发明专利数[1]（件）	0.36	0.44	0.70	1.10
质量效益	制造业质量竞争力指数[2]	83.1	83.5	84.5	85.5
	制造业增加值率提高	–	–	比 2015 年提高 2 个百分点	比 2015 年提高 4 个百分点
	制造业全员劳动生产率增速（%）	–	–	7.5 左右（"十三五"期间年均增速）	6.5 左右（"十四五"期间年均增速）
两化融合	宽带普及率[3]（%）	37	50	70	82
	数字化研发设计工具普及率[4]（%）	52	58	72	84
	关键工序数控化率[5]（%）	27	33	50	64
绿色发展	规模以上单位工业增加值能耗下降幅度	–	–	比 2015 年下降 18%	比 2015 年下降 34%
	单位工业增加值二氧化碳排放量下降幅度	–	–	比 2015 年下降 22%	比 2015 年下降 40%
	单位工业增加值用水量下降幅度	–	–	比 2015 年下降 23%	比 2015 年下降 41%
	工业固体废物综合利用率（%）	62	65	73	79

1. 规模以上制造业每亿元主营业务收入有效发明专利数＝规模以上制造企业有效发明专利数／规模以上制造企业主营业务收入。

2. 制造业质量竞争力指数是反映我国制造业质量整体水平的经济技术综合指标，由质量水平和发展能力两个方面共计 12 项具体指标计算得出。

3. 宽带普及率用固定宽带家庭普及率代表，固定宽带家庭普及率＝固定宽带家庭用户数／家庭户数。

4. 数字化研发设计工具普及率＝应用数字化研发设计工具的规模以上企业数量／规模以上企业总数量（相关数据来源于 3 万家样本企业，下同）。

5. 关键工序数控化率为规模以上工业企业关键工序数控化率的平均值。

三、战略任务和重点

实现制造强国的战略目标，必须坚持问题导向，统筹谋划，突出重点；必须凝聚全社会共识，加快制造业转型升级，全面提高发展质量和核心竞争力。

（一）提高国家制造业创新能力

完善以企业为主体、市场为导向、政产学研用相结合的制造业创新体系。围绕产业链部署创新链，围绕创新链配置资源链，加强关键核心技术攻关，加速科技成果产业化，提高关键环节和重点领域的创新能力。

加强关键核心技术研发。强化企业技术创新主体地位，支持企业提升创新能力，推进国家技术创新示范企业和企业技术中心建设，充分吸纳企业参与国家科技计划的决策和实施。瞄准国家重大战略需求和未来产业发展制高点，定期研究制定发布制造业重点领域技术创新路线图。继续抓紧实施国家科技重大专项，通过国家科技计划（专项、基金等）支持关键核心技术研发。发挥行业骨干企业的主导作用和高等院校、科研院所的基础作用，建立一批产业创新联盟，开展政产学研用协同创新，攻克一批对产业竞争力整体提升具有全局性影响、带动性强的关键共性技术，加快成果转化。

提高创新设计能力。在传统制造业、战略性新兴产业、现代服务业等重点领域开展创新设计示范，全面推广应用以绿色、智能、协同为特征的先进设计技术。加强设计领域共性关键技术研发，攻克信息化设计、过程集成设计、复杂过程和系统设计等共性技术，开发一批具有自主知识产权的关键设计工具软件，建设完善创新设计生态系统。建设若干具有世界影响力的创新设计集群，培育一批专业化、开放型的工业设计企业，鼓励代工企业建立研究设计中心，向代设计和出口自主品牌产品转变。发展各类创新设计教育，设立国家工业设计奖，激发全社会创新设计的积极性和主动性。

推进科技成果产业化。完善科技成果转化运行机制，研究制定促进科技成果转化和产业化的指导意见，建立完善科技成果信息发布和共享平台，健全以技术交易市场为核心的技术转移和产业化服务体系。完善科技成果转化激励机制，推动事业单位科技成果使用、处置和收益管理改革，健全科技成果科学评估和市场定价机制。完善科技成果转化协同推进机制，引导政产学研用按照市场规律和创新规律加强合作，鼓励企业和社会资本建立一批从事技术集成、熟化和工程化的中试基地。加快国防科技成果转化和产业化进程，推进军民技术双向转移转化。

完善国家制造业创新体系。加强顶层设计，加快建立以创新中心为核心载体、以公共服务平台和工程数据中心为重要支撑的制造业创新网络，建立市场化的创新方向选择机制和鼓励创新的风险分担、利益共享机制。充分利用现有科技资源，围绕制造业重大共性需求，采取政府与社会合作、政产学研用产业创新战略联盟等新机制新模式，形成一批制造业创新中心（工业技术研究基地），开展关键共性重大技术研究和产业化应用示范。建设一批促进制造业协同创新的公共服务平台，规范服务标准，开展技术研发、检验检测、技术评价、技术交易、质量认证、人才培训等专业化服务，促进科技成果转化和推广应用。建设重点领域制造业工程数据中心，为企业提供创新知识和工程数据的开放共享服务。面向制造业关键共性技术，建设一批重大科学研究和实验设施，提高核心企业系统集成能力，促进向价值链高端延伸。

专栏1 制造业创新中心（工业技术研究基地）建设工程

围绕重点行业转型升级和新一代信息技术、智能制造、增材制造、新材料、生物医药等领域创新发展的重大共性需求，形成一批制造业创新中心（工业技术研究基地），重点开展行业基础和共性关键技术研发、成果产业化、人才培训等工作。制定完善制造业创新中心遴选、考核、管理的标准和程序。

到2020年，重点形成15家左右制造业创新中心（工业技术研究基地），力争到2025年形成40家左右制造业创新中心（工业技术研究基地）。

加强标准体系建设。改革标准体系和标准化管理体制，组织实施制造业标准化提升计划，在智能制造等重点领域开展综合标准化工作。发挥企业在标准制定中的重要作用，支持组建重点领域标准推进联盟，建设标准创新研究基地，协同推进产品研发与标准制定。制定满足市场和创新需要的团体标准，建立企业产品和服务标准自我声明公开和监督制度。鼓励和支持企业、科研院所、行业组织等参与国际标准制定，加快我国标准国际化进程。大力推动国防装备采用先进的民用标准，推动军用技术标准向民用领域的转化和应用。做好标准的宣传贯彻，大力推动标准实施。

强化知识产权运用。加强制造业重点领域关键核心技术知识产权储备，构建产业化导向的专利组合和战略布局。鼓励和支持企业运用知识产权参与市场竞争，培育一批具备知识产权综合实力的优势企业，支持组建知识产权联盟，推动市场主体开展知识产权协同运用。稳妥推进国防知识产权解密和市场化应用。建立健全知识产权评议机制，鼓励和支持行业骨干企业与专业机构在重点领域合作开展专利评估、收购、运营、风险预警与应对。构建知识产权综合运用公共服务平台。鼓励开展跨国知识产权许可。研究制定降低中小企业知识产权申请、保护及维权成本的政策措施。

（二）推进信息化与工业化深度融合

加快推动新一代信息技术与制造技术融合发展，把智能制造作为两化深度融合的主攻方向；着力发展智能装备和智能产品，推进生产过程智能化，培育新型生产方式，全面提升企业研发、生产、管理和服务的智能化水平。

研究制定智能制造发展战略。编制智能制造发展规划，明确发展目标、重点任务和重大布局。加快制定智能制造技术标准，建立完善智能制造和两化融合管理标准体系。强化应用牵引，建立智能制造产业联盟，协同推动智能装备和产品研发、系统集成创新与产业化。促进工业互联网、云计算、大数据在企业研发设计、生产制造、经营管理、销售服务等全流程和全产业链的综合集成应用。加强智能制造工业控制系统网络安全保障能力建设，健全综合保障体系。

加快发展智能制造装备和产品。组织研发具有深度感知、智慧决策、自动执行功能的高档数控机床、工业机器人、增材制造装备等智能制造装备以及智能化生产线，突破新型传感器、智能测量仪表、工业控制系统、伺服电机及驱动器和减速器等智能核心装置，推进工程化和产业化。加快机械、航空、船舶、汽车、轻工、纺织、食品、电子等行业生产设备的智能化改造，提高精准制造、敏捷制造能力。统筹布局和推动智能交通工具、智能工程机械、服务机器人、智能家电、智能照明电器、可穿戴设备等产品研发和产业化。

推进制造过程智能化。在重点领域试点建设智能工厂 / 数字化车间，加快人机智能交互、工业机器人、智能物流管理、增材制造等技术和装备在生产过程中的应用，促进制造工艺的仿真优化、数字化控制、状态信息实时监测和自适应控制。加快产品全生命周期管理、客户关系管理、供应链管理系统的推广应用，促进集团管控、设计与制造、产供销一体、业务和财务衔接等关键环节集成，实现智能管控。加快民用爆炸物品、危险化学品、食品、印染、稀土、农药等重点行业智能检测监管体系建设，提高智能化水平。

深化互联网在制造领域的应用。制定互联网与制造业融合发展的路线图，明确发展方向、目标和路径。发展基于互联网的个性化定制、众包设计、云制造等新型制造模式，推动形成基于消费需求动态感知的研发、制造和产业组织方式。建立优势互补、合作共赢的开放型产业生态体系。加快开展物联网技术研发和应用示范，培育智能监测、远程诊断管理、全产业链追溯等工业互联网新应用。实施工业云及工业大数据创新应用试点，建设一批高质量的工业云服务和工业大数据平台，推动软件与服务、设计与制造资源、关键技术与标准的开放共享。

加强互联网基础设施建设。加强工业互联网基础设施建设规划与布局，建设低时延、高可靠、广覆盖的工业互联网。加快制造业集聚区光纤网、移动通信网和无线局域网的部署和建设，实现信息网络宽带升级，提高企业宽带接入能力。针对信息物理系统网络研发及应用需求，组织开发智能控制系统、工业应用软件、故障诊断软件和相关工具、传感和通信系统协议，实现人、设备与产品的实时联通、精确识别、有效交互与智能控制。

专栏 2 智能制造工程

紧密围绕重点制造领域关键环节，开展新一代信息技术与制造装备融合的集成创新和工程应用。支持政产学研用联合攻关，开发智能产品和自主可控的智能装置并实现产业化。依托优势企业，紧扣关键工序智能化、关键岗位机器人替代、生产过程智能优化控制、供应链优化，建设重点领域智能工厂／数字化车间。在基础条件好、需求迫切的重点地区、行业和企业中，分类实施流程制造、离散制造、智能装备和产品、新业态新模式、智能化管理、智能化服务等试点示范及应用推广。建立智能制造标准体系和信息安全保障系统，搭建智能制造网络系统平台。

到 2020 年，制造业重点领域智能化水平显著提升，试点示范项目运营成本降低 30%，产品生产周期缩短 30%，不良品率降低 30%。到 2025 年，制造业重点领域全面实现智能化，试点示范项目运营成本降低 50%，产品生产周期缩短 50%，不良品率降低 50%。

（三）强化工业基础能力

核心基础零部件（元器件）、先进基础工艺、关键基础材料和产业技术基础（以下统称"四基"）等工业基础能力薄弱，是制约我国制造业创新发展和质量提升的症结所在。要坚持问题导向、产需结合、协同创新、重点突破的原则，着力破解制约重点产业发展的瓶颈。

统筹推进"四基"发展。制定工业强基实施方案，明确重点方向、主要目标和实施路径。制定工业"四基"发展指导目录，发布工业强基发展报告，组织实施工业强基工程。统筹军民两方面资源，开展军民两用技术联合攻关，支持军民技术相互有效利用，促进基础领域融合发展。强化基础领域标准、计量体系建设，加快实施对标达标，提升基础产品的质量、可靠性和寿命。建立多部门协调推进机制，引导各类要素向基础领域集聚。

加强"四基"创新能力建设。强化前瞻性基础研究，着力解决影响核心基础零部件（元器件）产品性能和稳定性的关键共性技术。建立基础工艺创新体系，利用现有资源建立关键共性基础工艺研究机构，开展先进成型、加工等关键制造工艺联合攻关；支持企业开展工艺创新，培养工艺专业人才。加大基础专用材料研发力度，提高专用材料自给保障能力和制备技术水平。建立国家工业基础数据库，加强企业试验检测数据和计量数据的采集、管理、应用和积累。加大对"四基"领域技术研发的支持力度，引导产业投资基金和创业投资基金投向"四基"领域重点项目。

推动整机企业和"四基"企业协同发展。注重需求侧激励，产用结合，协同攻关。依托国家科技计划（专项、基金等）和相关工程等，在数控机床、轨道交通装备、航空航天、发电设备等重点领域，引导整机企业和"四基"企业、高校、科研院所产需对接，建立产业联盟，形成协同创新、产用结合、以市场促基础产业发展的新模式，提升重大装备自主可控水平。开展工业强基示范应用，完善首台（套）、首批次政策，支持核心基础零部件（元器件）、先进基础工艺、关键基础材料推广应用。

专栏 3　工业强基工程

开展示范应用，建立奖励和风险补偿机制，支持核心基础零部件（元器件）、先进基础工艺、关键基础材料的首批次或跨领域应用。组织重点突破，针对重大工程和重点装备的关键技术和产品急需，支持优势企业开展政产学研用联合攻关，突破关键基础材料、核心基础零部件的工程化、产业化瓶颈。强化平台支撑，布局和组建一批"四基"研究中心，创建一批公共服务平台，完善重点产业技术基础体系。

到 2020 年，40% 的核心基础零部件、关键基础材料实现自主保障，受制于人的局面逐步缓解，航天装备、通信装备、发电与输变电设备、工程机械、轨道交通装备、家用电器等产业急需的核心基础零部件（元器件）和关键基础材料的先进制造工艺得到推广应用。到 2025 年，70% 的核心基础零部件、关键基础材料实现自主保障，80 种标志性先进工艺得到推广应用，部分达到国际领先水平，建成较为完善的产业技术基础服务体系，逐步形成整机牵引和基础支撑协调互动的产业创新发展格局。

（四）加强质量品牌建设

提升质量控制技术，完善质量管理机制，夯实质量发展基础，优化质量发展环境，努力实现制造业质量大幅提升。鼓励企业追求卓越品质，形成具有自主知识产权的名牌产品，不断提升企业品牌价值和中国制造整体形象。

推广先进质量管理技术和方法。建设重点产品标准符合性认定平台，推动重点产品技术、安全标准全面达到国际先进水平。开展质量标杆和领先企业示范活动，普及卓越绩效、六西格玛、精益生产、质量诊断、质量持续改进等先进生产管理模式和方法。支持企业提高质量在线监测、在线控制和产品全生命周期质量追溯能力。组织开展重点行业工艺优化行动，提升关键工艺过程控制水平。开展质量管理小组、现场改进等群众性质量管理活动示范推广。加强中小企业质量管理，开展质量安全培训、诊断和辅导活动。

加快提升产品质量。实施工业产品质量提升行动计划,针对汽车、高档数控机床、轨道交通装备、大型成套技术装备、工程机械、特种设备、关键原材料、基础零部件、电子元器件等重点行业,组织攻克一批长期困扰产品质量提升的关键共性质量技术,加强可靠性设计、试验与验证技术开发应用,推广采用先进成型和加工方法、在线检测装置、智能化生产和物流系统及检测设备等,使重点实物产品的性能稳定性、质量可靠性、环境适应性、使用寿命等指标达到国际同类产品先进水平。在食品、药品、婴童用品、家电等领域实施覆盖产品全生命周期的质量管理、质量自我声明和质量追溯制度,保障重点消费品质量安全。大力提高国防装备质量可靠性,增强国防装备实战能力。

完善质量监管体系。健全产品质量标准体系、政策规划体系和质量管理法律法规。加强关系民生和安全等重点领域的行业准入与市场退出管理。建立消费品生产经营企业产品事故强制报告制度,健全质量信用信息收集和发布制度,强化企业质量主体责任。将质量违法违规记录作为企业诚信评级的重要内容,建立质量黑名单制度,加大对质量违法和假冒品牌行为的打击和惩处力度。建立区域和行业质量安全预警制度,防范化解产品质量安全风险。严格实施产品"三包"、产品召回等制度。强化监管检查和责任追究,切实保护消费者权益。

夯实质量发展基础。制定和实施与国际先进水平接轨的制造业质量、安全、卫生、环保及节能标准。加强计量科技基础及前沿技术研究,建立一批制造业发展急需的高准确度、高稳定性计量基标准,提升与制造业相关的国家量传溯源能力。加强国家产业计量测试中心建设,构建国家计量科技创新体系。完善检验检测技术保障体系,建设一批高水平的工业产品质量控制和技术评价实验室、产品质量监督检验中心,鼓励建立专业检测技术联盟。完善认证认可管理模式,提高强制性产品认证的有效性,推动自愿性产品认证健康发展,提升管理体系认证水平,稳步推进国际互认。支持行业组织发布自律规范或公约,开展质量信誉承诺活动。

推进制造业品牌建设。引导企业制定品牌管理体系,围绕研发创新、生产制造、质量管理和营销服务全过程,提升内在素质,夯实品牌发展基础。扶持一批品牌培育和运营专业服务机构，开展品牌管理咨询、市场推广等服务。健全集体商标、证明商标注册管理制度。打造一批特色鲜明、竞争力强、市场信誉好的产业集群区域品牌。建设品牌文化，引导企业增强以质量和信誉为核心的品牌意识，树立品牌消费理念，提升品牌附加值和软实力。加速我国品牌价值评价国际化进程，充分发挥各类媒体作用，加大中国品牌宣传推广力度，树立中国制造品牌良好形象。

（五）全面推行绿色制造

加大先进节能环保技术、工艺和装备的研发力度，加快制造业绿色改造升级；积极推行低碳化、循环化和集约化，提高制造业资源利用效率；强化产品全生命周期绿色管理，努力构建高效、清洁、低碳、循环的绿色制造体系。

加快制造业绿色改造升级。全面推进钢铁、有色、化工、建材、轻工、印染等传统制造业绿色改造，大力研发推广余热余压回收、水循环利用、重金属污染减量化、有毒有害原料替代、废渣资源化、脱硫脱硝除尘等绿色工艺技术装备，加快应用清洁高效铸造、锻压、焊接、表面处理、切削等加工工艺，实现绿色生产。加强绿色产品研发应用，推广轻量化、低功耗、易回收等技术工艺，持续提升电机、锅炉、内燃机及电器等终端用能产品能效水平，加快淘汰落后机电产品和技术。积极引领新兴产业高起点绿色发展，大幅降低电子信息产品生产、使用能耗及限用物质含量，建设绿色数据中心和绿色基站，大力促进新材料、新能源、高端装备、生物产业绿色低碳发展。

推进资源高效循环利用。支持企业强化技术创新和管理，增强绿色精益制造能力，大幅降低能耗、物耗和水耗水平。持续提高绿色低碳能源使用比率，开展工业园区和企业分布式绿色智能微电网建设，控制和削减化石能源消费量。全面推行循环生产方式，促进企业、园区、行业间链接共生、原料互供、资源共享。推进资源再生利用产业规范化、规模化发展，强化技术装备支撑，提高大宗工业固体废弃物、废旧金属、废弃电器电子产品等综合利用水平。大力发展再制造产业，实施高端再制造、智能再制造、在役再制造，推进产品认定，促进再制造产业持续健康发展。

积极构建绿色制造体系。支持企业开发绿色产品，推行生态设计，显著提升产品节能环保低碳水平，引导绿色生产和绿色消费。建设绿色工厂，实现厂房集约化、原料无害化、生产洁净化、废物资源化、能源低碳化。发展绿色园区，推进工业园区产业耦合，实现近零排放。打造绿色供应链，加快建立以资源节约、环境友好为导向的采购、生产、营销、回收及物流体系，落实生产者责任延伸制度。壮大绿色企业，支持企业实施绿色战略、绿色标准、绿色管理和绿色生产。强化绿色监管，健全节能环保法规、标准体系，加强节能环保监察，推行企业社会责任报告制度，开展绿色评价。

专栏4 绿色制造工程

组织实施传统制造业能效提升、清洁生产、节水治污、循环利用等专项技术改造。开展重大节能环保、资源综合利用、再制造、低碳技术产业化示范。实施重点区域、流域、行业清洁生产水平提升计划，扎实推进大气、水、土壤污染源头防治专项。制定绿色产品、绿色工厂、绿色园区、绿色企业标准体系，开展绿色评价。

到2020年，建成千家绿色示范工厂和百家绿色示范园区，部分重化工行业能源资源消耗出现拐点，重点行业主要污染物排放强度下降20%。到2025年，制造业绿色发展和主要产品单耗达到世界先进水平，绿色制造体系基本建立。

（六）大力推动重点领域突破发展

瞄准新一代信息技术、高端装备、新材料、生物医药等战略重点，引导社会各类资源集聚，推动优势和战略产业快速发展。

1. 新一代信息技术产业

集成电路及专用装备。着力提升集成电路设计水平，不断丰富知识产权（IP）

核和设计工具，突破关系国家信息与网络安全及电子整机产业发展的核心通用芯片，提升国产芯片的应用适配能力。掌握高密度封装及三维（3D）微组装技术，提升封装产业和测试的自主发展能力。形成关键制造装备供货能力。

信息通信设备。掌握新型计算、高速互联、先进存储、体系化安全保障等核心技术，全面突破第五代移动通信（5G）技术、核心路由交换技术、超高速大容量智能光传输技术、"未来网络"核心技术和体系架构，积极推动量子计算、神经网络等发展。研发高端服务器、大容量存储、新型路由交换、新型智能终端、新一代基站、网络安全等设备，推动核心信息通信设备体系化发展与规模化应用。

操作系统及工业软件。开发安全领域操作系统等工业基础软件。突破智能设计与仿真及其工具、制造物联与服务、工业大数据处理等高端工业软件核心技术，开发自主可控的高端工业平台软件和重点领域应用软件，建立完善工业软件集成标准与安全测评体系。推进自主工业软件体系化发展和产业化应用。

2. 高档数控机床和机器人

高档数控机床。开发一批精密、高速、高效、柔性数控机床与基础制造装备及集成制造系统。加快高档数控机床、增材制造等前沿技术和装备的研发。以提升可靠性、精度保持性为重点，开发高档数控系统、伺服电机、轴承、光栅等主要功能部件及关键应用软件，加快实现产业化。加强用户工艺验证能力建设。

机器人。围绕汽车、机械、电子、危险品制造、国防军工、化工、轻工等工业机器人、特种机器人，以及医疗健康、家庭服务、教育娱乐等服务机器人应用需求，积极研发新产品，促进机器人标准化、模块化发展，扩大市场应用。突破机器人本体、减速器、伺服电机、控制器、传感器与驱动器等关键零部件及系统集成设计制造等技术瓶颈。

3. 航空航天装备

航空装备。加快大型飞机研制，适时启动宽体客机研制，鼓励国际合作研制重型直升机；推进干支线飞机、直升机、无人机和通用飞机产业化。突破高推重比、先进涡桨（轴）发动机及大涵道比涡扇发动机技术，建立发动机自主发展工业体系。开发先进机载设备及系统，形成自主完整的航空产业链。

航天装备。发展新一代运载火箭、重型运载器，提升进入空间能力。加快推进国家民用空间基础设施建设，发展新型卫星等空间平台与有效载荷、空天地宽带互联网系统，形成长期持续稳定的卫星遥感、通信、导航等空间信息服务能力。推动载人航天、月球探测工程，适度发展深空探测。推进航天技术转化与空间技术应用。

4. 海洋工程装备及高技术船舶

大力发展深海探测、资源开发利用、海上作业保障装备及其关键系统和专用设备。推动深海空间站、大型浮式结构物的开发和工程化。形成海洋工程装备综合试验、检测与鉴定能力，提高海洋开发利用水平。突破豪华邮轮设计建造技术，全面提升液化天然气船等高技术船舶国际竞争力，掌握重点配套设备集成化、智能化、模块化设计制造核心技术。

5. 先进轨道交通装备

加快新材料、新技术和新工艺的应用，重点突破体系化安全保障、节能环保、数字化智能化网络化技术，研制先进可靠适用的产品和轻量化、模块化、谱系化产品。研发新一代绿色智能、高速重载轨道交通装备系统，围绕系统全寿命周期，向用户提供整体解决方案，建立世界领先的现代轨道交通产业体系。

6. 节能与新能源汽车

继续支持电动汽车、燃料电池汽车发展，掌握汽车低碳化、信息化、智能化核心技术，提升动力电池、驱动电机、高效内燃机、先进变速器、轻量化材料、智能控制等核心技术的工程化和产业化能力，形成从关键零部件到整车的完整工业体系和创新体系，推动自主品牌节能与新能源汽车同国际先进水平接轨。

专栏 5　高端装备创新工程

组织实施大型飞机、航空发动机及燃气轮机、民用航天、智能绿色列车、节能与新能源汽车、海洋工程装备及高技术船舶、智能电网成套装备、高档数控机床、核电装备、高端诊疗设备等一批创新和产业化专项、重大工程。开发一批标志性、带动性强的重点产品和重大装备，提升自主设计水平和系统集成能力，突破共性关键技术与工程化、产业化瓶颈，组织开展应用试点和示范，提高创新发展能力和国际竞争力，抢占竞争制高点。

到 2020 年，上述领域实现自主研制及应用。到 2025 年，自主知识产权高端装备市场占有率大幅提升，核心技术对外依存度明显下降，基础配套能力显著增强，重要领域装备达到国际领先水平。

7. 电力装备

推动大型高效超净排放煤电机组产业化和示范应用，进一步提高超大容量水电机组、核电机组、重型燃气轮机制造水平。推进新能源和可再生能源装备、先进储能装置、智能电网用输变电及用户端设备发展。突破大功率电力电子器件、高温超导材料等关键元器件和材料的制造及应用技术，形成产业化能力。

8. 农机装备

重点发展粮、棉、油、糖等大宗粮食和战略性经济作物育、耕、种、管、收、运、贮等主要生产过程使用的先进农机装备，加快发展大型拖拉机及其复式作业机具、大型高效联合收割机等高端农业装备及关键核心零部件。提高农机装备信息收集、智能决策和精准作业能力，推进形成面向农业生产的信息化整体解决方案。

9. 新材料

以特种金属功能材料、高性能结构材料、功能性高分子材料、特种无机非金属材料和先进复合材料为发展重点，加快研发先进熔炼、凝固成型、气相沉积、型材加工、高效合成等新材料制备关键技术和装备，加强基础研究和体系建设，突破产业化制备瓶颈。积极发展军民共用特种新材料，加快技术双向转移转化，促进新材料产业军民融合发展。高度关注颠覆性新材料对传统材料的影响，做好超导材料、纳米材料、石墨烯、生物基材料等战略前沿材料提前布局和研制。加快基础材料升级换代。

10.生物医药及高性能医疗器械

发展针对重大疾病的化学药、中药、生物技术药物新产品，重点包括新机制和新靶点化学药、抗体药物、抗体偶联药物、全新结构蛋白及多肽药物、新型疫苗、临床优势突出的创新中药及个性化治疗药物。提高医疗器械的创新能力和产业化水平，重点发展影像设备、医用机器人等高性能诊疗设备，全降解血管支架等高值医用耗材，可穿戴、远程诊疗等移动医疗产品。实现生物 3D 打印、诱导多能干细胞等新技术的突破和应用。

（七）深入推进制造业结构调整

推动传统产业向中高端迈进，逐步化解过剩产能，促进大企业与中小企业协调发展，进一步优化制造业布局。

持续推进企业技术改造。明确支持战略性重大项目和高端装备实施技术改造的政策方向，稳定中央技术改造引导资金规模，通过贴息等方式，建立支持企业技术改造的长效机制。推动技术改造相关立法，强化激励约束机制，完善促进企业技术改造的政策体系。支持重点行业、高端产品、关键环节进行技术改造，引导企业采用先进适用技术，优化产品结构，全面提升设计、制造、工艺、管理水平，促进钢铁、石化、工程机械、轻工、纺织等产业向价值链高端发展。研究制定重点产业技术改造投资指南和重点项目导向计划，吸引社会资金参与，优化工业投资结构。围绕两化融合、节能降耗、质量提升、安全生产等传统领域改造，推广应用新技术、新工艺、新装备、新材料，提高企业生产技术水平和效益。

稳步化解产能过剩矛盾。加强和改善宏观调控，按照"消化一批、转移一批、整合一批、淘汰一批"的原则，分业分类施策，有效化解产能过剩矛盾。

加强行业规范和准入管理，推动企业提升技术装备水平，优化存量产能。加强对产能严重过剩行业的动态监测分析，建立完善预警机制，引导企业主动退出过剩行业。切实发挥市场机制作用，综合运用法律、经济、技术及必要的行政手段，加快淘汰落后产能。

促进大中小企业协调发展。强化企业市场主体地位，支持企业间战略合作和跨行业、跨区域兼并重组，提高规模化、集约化经营水平，培育一批核心竞争力强的企业集团。激发中小企业创业创新活力，发展一批主营业务突出、竞争力强、成长性好、专注于细分市场的专业化"小巨人"企业。发挥中外中小企业合作园区示范作用，利用双边、多边中小企业合作机制，支持中小企业走出去和引进来。引导大企业与中小企业通过专业分工、服务外包、订单生产等多种方式，建立协同创新、合作共赢的协作关系。推动建设一批高水平的中小企业集群。

优化制造业发展布局。落实国家区域发展总体战略和主体功能区规划，综合考虑资源能源、环境容量、市场空间等因素，制定和实施重点行业布局规划，调整优化重大生产力布局。完善产业转移指导目录，建设国家产业转移信息服务平台，创建一批承接产业转移示范园区，引导产业合理有序转移，推动东中西部制造业协调发展。积极推动京津冀和长江经济带产业协同发展。按照新型工业化的要求，改造提升现有制造业集聚区，推动产业集聚向产业集群转型升级。建设一批特色和优势突出、产业链协同高效、核心竞争力强、公共服务体系健全的新型工业化示范基地。

（八）积极发展服务型制造和生产性服务业

加快制造与服务的协同发展，推动商业模式创新和业态创新，促进生产型制造向服务型制造转变。大力发展与制造业紧密相关的生产性服务业，推动服务功能区和服务平台建设。

推动发展服务型制造。研究制定促进服务型制造发展的指导意见，实施服务型制造行动计划。开展试点示范，引导和支持制造业企业延伸服务链条，从主要提供产品制造向提供产品和服务转变。鼓励制造业企业增加服务环节投入，发展个性化定制服务、全生命周期管理、网络精准营销和在线支持服务等。支持有条件的企业由提供设备向提供系统集成总承包服务转变，由提供产品向提供整体解决方案转变。鼓励优势制造业企业"裂变"专业优势，通过业务流程再造，面向行业提供社会化、专业化服务。支持符合条件的制造业企业建立企业财务公司、金融租赁公司等金融机构，推广大型制造设备、生产线等融资租赁服务。

加快生产性服务业发展。大力发展面向制造业的信息技术服务，提高重点行业信息应用系统的方案设计、开发、综合集成能力。鼓励互联网等企业发展移动电子商务、在线定制、线上到线下等创新模式，积极发展对产品、市场的动态监控和预测预警等业务，实现与制造业企业的无缝对接，创新业务协作流程和价值创造模式。加快发展研发设计、技术转移、创业孵化、知识产权、科技咨询等科技服务业，发展壮大第三方物流、节能环保、检验检测认证、电子商务、服务外包、融资租赁、人力资源服务、售后服务、品牌建设等生产性服务业，提高对制造业转型升级的支撑能力。

强化服务功能区和公共服务平台建设。建设和提升生产性服务业功能区，重点发展研发设计、信息、物流、商务、金融等现代服务业，增强辐射能力。依托制造业集聚区，建设一批生产性服务业公共服务平台。鼓励东部地区企业加快制造业服务化转型，建立生产服务基地。支持中西部地区发展具有特色和竞争力的生产性服务业，加快产业转移承接地服务配套设施和能力建设，实现制造业和服务业协同发展。

（九）提高制造业国际化发展水平

统筹利用两种资源、两个市场，实行更加积极的开放战略，将引进来与走出去更好结合，拓展新的开放领域和空间，提升国际合作的水平和层次，推动重点产业国际化布局，引导企业提高国际竞争力。

提高利用外资与国际合作水平。进一步放开一般制造业，优化开放结构，提高开放水平。引导外资投向新一代信息技术、高端装备、新材料、生物医药等高端制造领域，鼓励境外企业和科研机构在我国设立全球研发机构。支持符合条件的企业在境外发行股票、债券，鼓励与境外企业开展多种形式的技术合作。

提升跨国经营能力和国际竞争力。支持发展一批跨国公司，通过全球资源利用、业务流程再造、产业链整合、资本市场运作等方式，加快提升核心竞争力。支持企业在境外开展并购和股权投资、创业投资，建立研发中心、实验基地和全球营销及服务体系；依托互联网开展网络协同设计、精准营销、增值服务创新、媒体品牌推广等，建立全球产业链体系，提高国际化经营能力和服务水平。鼓励优势企业加快发展国际总承包、总集成。引导企业融入当地文化，增强社会责任意识，加强投资和经营风险管理，提高企业境外本土化能力。

深化产业国际合作，加快企业走出去。加强顶层设计，制定制造业走出去发展总体战略，建立完善统筹协调机制。积极参与和推动国际产业合作，贯彻落实丝绸之路经济带和 21 世纪海上丝绸之路等重大战略部署，加快推进与周边国家互联互通基础设施建设，深化产业合作。发挥沿边开放优势，在有条件的国家和地区建设一批境外制造业合作园区。坚持政府推动、企业主导，创新商业模式，鼓励高端装备、先进技术、优势产能向境外转移。加强政策引导，推动产业合作由加工制造环节为主向合作研发、联合设计、市场营销、品牌培育等高端环节延伸，提高国际合作水平。创新加工贸易模式，延长加工贸易国内增值链条，推动加工贸易转型升级。

四、战略支撑与保障

建设制造强国，必须发挥制度优势，动员各方面力量，进一步深化改革，完善政策措施，建立灵活高效的实施机制，营造良好环境；必须培育创新文化和中国特色制造文化，推动制造业由大变强。

（一）深化体制机制改革

全面推进依法行政，加快转变政府职能，创新政府管理方式，加强制造业发展战略、规划、政策、标准等制定和实施，强化行业自律和公共服务能力建设，提高产业治理水平。简政放权，深化行政审批制度改革，规范审批事项，简化程序，明确时限；适时修订政府核准的投资项目目录，落实企业投资主体地位。完善政产学研用协同创新机制，改革技术创新管理体制机制和项目经费分配、成果评价和转化机制，促进科技成果资本化、产业化，激发制造业创新活力。加快生产要素价格市场化改革，完善主要由市场决定价格的机制，合理配置公共资源；推行节能量、碳排放权、排污权、水权交易制度改革，加快资源税从价计征，推动环境保护费改税。深化国有企业改革，完善公司治理结构，有序发展混合所有制经济，进一步破除各种形式的行业垄断，取消对非公有制经济的不合理限制。稳步推进国防科技工业改革，推动军民融合深度发展。健全产业安全审查机制和法规体系，加强关系国民经济命脉和国家安全的制造业重要领域投融资、并购重组、招标采购等方面的安全审查。

（二）营造公平竞争市场环境

深化市场准入制度改革，实施负面清单管理，加强事中事后监管，全面清理和废止不利于全国统一市场建设的政策措施。实施科学规范的行业准入制度，制定和完善制造业节能节地节水、环保、技术、安全等准入标准，加强对国家强制性标准实施的监督检查，统一执法，以市场化手段引导企业进行结构调整和转型升级。切实加强监管，打击制售假冒伪劣行为，严厉惩处市场垄断和不正当竞争行为，为企业创造良好生产经营环境。加快发展技术市场，健全知识产权创造、运用、管理、保护机制。完善淘汰落后产能工作涉及的职工安置、债务清偿、企业转产等政策措施，健全市场退出机制。进一步减轻企业负担，实施涉企收费清单制度，建立全国涉企收费项目库，取缔各种不合理收费和摊派，加强监督检查和问责。推进制造业企业信用体系建设，建设中国制造信用数据库，建立健全企业信用动态评价、守信激励和失信惩戒机制。强化企业社会责任建设，推行企业产品标准、质量、安全自我声明和监督制度。

（三）完善金融扶持政策

深化金融领域改革，拓宽制造业融资渠道，降低融资成本。积极发挥政策性金融、开发性金融和商业金融的优势，加大对新一代信息技术、高端装备、新材料等重点领域的支持力度。支持中国进出口银行在业务范围内加大对制造业走出去的服务力度，鼓励国家开发银行增加对制造业企业的贷款投放，引导金融机构创新符合制造业企业特点的产品和业务。健全多层次资本市场，推动区域性股权市场规范发展，支持符合条件的制造业企业在境内外上市融资、发行各类债务融资工具。引导风险投资、私募股权投资等支持制造业企业创新发展。鼓励符合条件的制造业贷款和租赁资产开展证券化试点。支持重点领域大型制造业企业集团开展产融结合试点，通过融资租赁方式促进制造业转型升级。探索开发适合制造业发展的保险产品和服务，鼓励发展贷款保证保险和信用保险业务。在风险可控和商业可持续的前提下，通过内保外贷、外汇及人民币贷款、债权融资、股权融资等方式，加大对制造业企业在境外开展资源勘探开发、设立研发中心和高技术企业以及收购兼并等的支持力度。

（四）加大财税政策支持力度

充分利用现有渠道，加强财政资金对制造业的支持，重点投向智能制造、"四基"发展、高端装备等制造业转型升级的关键领域，为制造业发展创造良好政策环境。运用政府和社会资本合作（PPP）模式，引导社会资本参与制造业重大项目建设、企业技术改造和关键基础设施建设。创新财政资金支持方式，逐步从"补建设"向"补运营"转变，提高财政资金使用效益。深化科技计划（专项、基金等）管理改革，支持制造业重点领域科技研发和示范应用，促进制造业技术创新、转型升级和结构布局调整。完善和落实支持创新的政府采购政策，推动制造业创新产品的研发和规模化应用。落实和完善使用首台（套）

重大技术装备等鼓励政策，健全研制、使用单位在产品创新、增值服务和示范应用等环节的激励约束机制。实施有利于制造业转型升级的税收政策，推进增值税改革，完善企业研发费用计核方法，切实减轻制造业企业税收负担。

（五）健全多层次人才培养体系

加强制造业人才发展统筹规划和分类指导，组织实施制造业人才培养计划，加大专业技术人才、经营管理人才和技能人才的培养力度，完善从研发、转化、生产到管理的人才培养体系。以提高现代经营管理水平和企业竞争力为核心，实施企业经营管理人才素质提升工程和国家中小企业银河培训工程，培养造就一批优秀企业家和高水平经营管理人才。以高层次、急需紧缺专业技术人才和创新型人才为重点，实施专业技术人才知识更新工程和先进制造卓越工程师培养计划，在高等学校建设一批工程创新训练中心，打造高素质专业技术人才队伍。强化职业教育和技能培训，引导一批普通本科高等学校向应用技术类高等学校转型，建立一批实训基地，开展现代学徒制试点示范，形成一支门类齐全、技艺精湛的技术技能人才队伍。鼓励企业与学校合作，培养制造业急需的科研人员、技术技能人才与复合型人才，深化相关领域工程博士、硕士专业学位研究生招生和培养模式改革，积极推进产学研结合。加强产业人才需求预测，完善各类人才信息库，构建产业人才水平评价制度和信息发布平台。建立人才激励机制，加大对优秀人才的表彰和奖励力度。建立完善制造业人才服务机构，健全人才流动和使用的体制机制。采取多种形式选拔各类优秀人才重点是专业技术人才到国外学习培训，探索建立国际培训基地。加大制造业引智力度，引进领军人才和紧缺人才。

（六）完善中小微企业政策

落实和完善支持小微企业发展的财税优惠政策，优化中小企业发展专项资金使用重点和方式。发挥财政资金杠杆撬动作用，吸引社会资本，加快设立国家中小企业发展基金。支持符合条件的民营资本依法设立中小型银行等金融机构，鼓励商业银行加大小微企业金融服务专营机构建设力度，建立完善小微企业融资担保体系，创新产品和服务。加快构建中小微企业征信体系，积极发展面向小微企业的融资租赁、知识产权质押贷款、信用保险保单质押贷款等。建设完善中小企业创业基地，引导各类创业投资基金投资小微企业。鼓励大学、科研院所、工程中心等对中小企业开放共享各种实（试）验设施。加强中小微企业综合服务体系建设，完善中小微企业公共服务平台网络，建立信息互联互通机制，为中小微企业提供创业、创新、融资、咨询、培训、人才等专业化服务。

（七）进一步扩大制造业对外开放

深化外商投资管理体制改革，建立外商投资准入前国民待遇加负面清单管理机制，落实备案为主、核准为辅的管理模式，营造稳定、透明、可预期的营商环境。全面深化外汇管理、海关监管、检验检疫管理改革，提高贸易投资便利化水平。进一步放宽市场准入，修订钢铁、化工、船舶等产业政策，支持制造业企业通过委托开发、专利授权、众包众创等方式引进先进技术和高端人才，推动利用外资由重点引进技术、资金、设备向合资合作开发、对外并购及引进领军人才转变。加强对外投资立法，强化制造业企业走出去法律保障，规范企业境外经营行为，维护企业合法权益。探索利用产业基金、国有资本收益等渠道支持高铁、电力装备、汽车、工程施工等装备和优势产能走出去，实施海外投资并购。加快制造业走出去支撑服务机构建设和水平提升，建立制造业对外投资公共服务平台和出口产品技术性贸易服务平台，完善应对贸易摩擦和境外投资重大事项预警协调机制。

（八）健全组织实施机制

成立国家制造强国建设领导小组，由国务院领导同志担任组长，成员由国务院相关部门和单位负责同志担任。领导小组主要职责是：统筹协调制造强国建设全局性工作，审议重大规划、重大政策、重大工程专项、重大问题和重要工作安排，加强战略谋划，指导部门、地方开展工作。领导小组办公室设在工业和信息化部，承担领导小组日常工作。设立制造强国建设战略咨询委员会，研究制造业发展的前瞻性、战略性重大问题，对制造业重大决策提供咨询评估。支持包括社会智库、企业智库在内的多层次、多领域、多形态的中国特色新型智库建设，为制造强国建设提供强大智力支持。建立《中国制造 2025》任务落实情况督促检查和第三方评价机制，完善统计监测、绩效评估、动态调整和监督考核机制。建立《中国制造 2025》中期评估机制，适时对目标任务进行必要调整。

各地区、各部门要充分认识建设制造强国的重大意义，加强组织领导，健全工作机制，强化部门协同和上下联动。各地区要结合当地实际，研究制定具体实施方案，细化政策措施，确保各项任务落实到位。工业和信息化部要会同相关部门加强跟踪分析和督促指导，重大事项及时向国务院报告。

结　语

　　近年来，为落实习近平总书记视察北京工作时明确的城市功能定位，全市工业领域围绕全国科技创新中心功能定位，紧紧依托科技和人才资源优势，按照疏解非首都功能、推动京津冀协同发展、构建高精尖经济结构的战略要求，大力调整产业结构，一手加快转移一般制造业和淘汰退出劣势产能，一手努力构建"企业为主体、市场为导向、产学研相结合"的创新体系，积极探索"高精尖"产业培育发展之路。

　　2015 年 5 月，国务院发布了《中国制造 2025》，按照"四个全面"战略布局要求，提出实施制造强国战略，明确了在新一轮技术革命和产业变革趋势下，制造业创新发展的重大任务，为北京制造业的转型升级指明了新的发展方向。在全面对接落实国家相关政策部署，紧密结合北京实际，深入研判产业发展形势、深刻把握产业发展规律的基础上，依据《中国制造 2025》，北京市制定了《< 中国制造 2025> 北京行动纲要》。《行动纲要》的编制，得到了国家相关部委、全市各相关部门以及业界咨询机构、专家、企业家等各方的大力支持和帮助，在此，深表感谢！同时，在本书编写过程中，广泛参考了相关研究文献资料，一并对从事产业创新研究的同仁们表示真挚谢意！书中存在的不妥之处，欢迎大家批评指正，以便进一步修订完善。在此，也期待社会各界，凝聚共识，齐心协力，形成合力，聚集引领未来的发展力量，把《行动纲要》落到实处，努力开创北京发展新格局。